HOLZNAHRUNG UND SYMBIOSE

VORTRAG GEHALTEN AUF DEM X. INTERNATIONALEN
ZOOLOGENTAG ZU BUDAPEST AM 8. SEPTEMBER 1927

VON

PAUL BUCHNER
BRESLAU

MIT 22 ABBILDUNGEN

BERLIN
VERLAG VON JULIUS SPRINGER
1928

ISBN-13: 978-3-642-89585-2   e-ISBN-13: 978-3-642-91441-6
DOI: 10.1007/978-3-642-91441-6

ALLE RECHTE, INSBESONDERE
DAS DER ÜBERSETZUNG IN FREMDE SPRACHEN,
VORBEHALTEN
COPYRIGHT 1928 BY JULIUS SPRINGER IN BERLIN

> *Gedacht hat sie und sinnt beständig; aber nicht als Mensch, sondern als Natur.*
> *Goethe. 1782.*

Vorwort.

Die Kenntnis der symbiotischen Beziehungen zwischen Tieren und pflanzlichen Mikroorganismen ist abermals um ein Kapitel reicher geworden, das in offenkundiger Abhängigkeit von der Ökologie der Wirte steht, und eine Fülle neuer Anpassungserscheinungen von einer Zweckmäßigkeit, die selbst dem Kenner immer wieder Überraschungen bereitet, ist offenbar geworden. Wir veröffentlichen den in Budapest gehaltenen Vortrag, in dem vieles hiervon erstmalig mitgeteilt wurde, gleich einem früheren über die Leuchtsymbiosen, in dieser etwas erweiterten Form, da wir der Meinung sind, daß dieser neue Typ zweckdienlicher Einrichtungen, bei dem die Grenze zwischen der Individualität des Wirtes und seinen fremden Insassen oft nahezu verwischt wird, des allgemeinsten Interesses wert ist.

Ischia, Oktober 1927.

Paul Buchner.

Immer schärfer treten auf dem Gebiet der Symbioseforschung große Kategorien der Verbreitung hervor und vor kurzem noch als merkwürdige Einzelfälle dastehende Vorkommnisse werden durch neue Entdeckungen zu Gliedern solcher Kategorien. Seit der tschechische Zoologe Šulc und der italienische Forscher Pierantoni 1910 gleichzeitig und unabhängig voneinander die bedeutsame Entdeckung gemacht hatten, daß der altbekannte, aber bis dahin so völlig rätselhafte Pseudovitellus der Homopteren ein mannigfach variiertes, aber stets von pflanzlichen Mikroorganismen bewohntes Organ darstellt, hat sich Überraschung an Überraschung gereiht, und heute wissen wir, daß alle Pflanzensäfte saugenden Tiere, Homopteren in gleicher Weise wie Heteropteren, Symbiontenträger sind, ferner, daß offenbar alle Wirbeltierblut saugenden Tiere sich ihnen als nicht minder mannigfache Gruppe anschließen. Denn zu den Tausenden von Schildläusen, Blattläusen, Psylliden, Aleurodiden, Zikaden, Baum- und Blattwanzen gesellen sich die Pedikuliden, die Glossinen, die Pupiparen[1]), die Culiciden, die Bettwanze, Arachnoiden, wie die Ixodiden und Gamasiden, sowie Hirudineen, deutlich jeweils durch das Band gleicher Nahrungsquelle vereint, das sich dort mit dem System deckt, hier aber Glieder der verschiedensten systematischen Stellung zusammenfaßt.

Als dritte Gruppe reihen sich Tiere an, die ihr Leuchtvermögen nicht eigenem Drüsensekret, sondern Bakterien danken. Cephalopoden, Tunicaten, gewisse Fische sind hier mit Sicherheit als Symbiontenträger zu nennen, und weitere werden sich anschließen, auch wenn ein Rest von Tieren mit wirklichem Eigenlicht zu verbleiben scheint[2]).

Als vierte von beträchtlichem Umfang sei die bei den Blattiden allgemein verbreitete Bakteriensymbiose genannt, während die Symbiosen bei einem Teil der Ameisen (Camponotinen), bei gewissen Schnecken (Cyclostomatiden und Annulariiden), in den Nephridien von Oligochäten (Lumbriciden und Glossoscolecinen) und andere mehr zum mindesten heute noch als kleinere Sondergebiete sich anfügen.

Erinnern wir noch an die Fülle der Algensymbiosen — eine Erweiterung des Symbiosebegriffes ins Uferlose, wie sie die neuerdings von Wallin mit Nachdruck vertretene Identifizierung der Mitochondrien mit Bakterien bedeuten würde, lehnen wir ab[3]) —, so haben wir im wesentlichen den augenblicklichen Umfang des Gebietes umschrieben, ausgenommen das Kapitel, das ich zum Gegenstand dieses Vortrages gemacht habe.

Ausgehend von der Arbeitshypothese, daß der tiefere Sinn dieser seltsamen, zumeist so unglaublich innigen symbiontischen Bündnisse der sei, daß durch Indienststellen eines Spezialisten unter den Mikroorganismen das Tier seine Leistungen über die eigenen Fähigkeiten hinaus erweitere und daß ein solcher Schritt bei ungewöhnlichen Nahrungsquellen besonders naheliegt, wandte ich mich neuerdings den zahlreichen, schlechthin als holzfressend bezeichneten Insekten zu und betrat damit, wie sich bald zeigte, ein weiteres, tatsachenreiches Neuland der Symbioseforschung, dem sich das wenige vordem Bekannte wohl einfügte. Ich bin so in der glücklichen Lage, vor Ihnen eine Fülle größtenteils noch unveröffentlichter Beobachtungen, zu denen mehrfach auch meine Schüler beigetragen, auszubreiten und hoffe damit an der Hand eines Kapitels Ihnen eine Vorstellung von der nicht endenwollenden Mannigfaltigkeit der Symbiontologie überhaupt und ihren Problemen zu geben.

Schon seit längerer Zeit kennen wir symbiontische Einrichtungen bei Tieren, die auf den ersten Blick Holz fressen oder doch wenigstens sehr cellulosereiche Nahrung zu sich nehmen. Ich denke an die Pilzzucht der Atta-Ameisen, der Termiten, der holzbrütenden Borkenkäfer, überraschende Anpassungen, die, seit man sie entdeckte, zu den reizvollsten Kapiteln der Biologie gehören, und die durch meine seitdem gemachten Erfahrungen enger an die in den tierischen Körper hineinverlegten Symbiosen angeschlossen werden, als dies bisher der Fall war[4]).

Seit Möllers eindringlichen Studien wissen wir, daß die blattschneidenden Ameisen das Laub nur als Düngemittel ihrer Pilzkuchen eintragen und zerkauen, der aus den Mycelien eines Hutpilzes (Rhozites) besteht, daß sie ihm eine ungewöhnliche Pflege angedeihen lassen, die Form seiner Entwicklung zu beeinflussen verstehen und daß endlich die schwärmende Königin in ihrer Infrabuccaltasche, einer unpaaren, im Kopf gelegenen Aussackung, das kostbare Keimgut mit sich nimmt. Befruchtet und als Begründerin einer neuen Kolonie sich in die Einsamkeit eines kleinen Kessels zurückziehend, erbricht sie die spärlichen Mycelflöckchen und läßt ihnen die gleiche sorgsame Pflege zuteil werden wie den alsbald abgelegten Eiern. Bei verwandten Ameisen treffen wir auch auf solche, die ihren Garten mit moderndem Holze düngen und eine Reihe verschieden weit gehender Anpassungsgrade bekunden den eminent historischen Charakter, den naturgemäß all solche Einrichtungen tragen.

Eine ähnliche Mannigfaltigkeit bieten die Termitiden, die höchststehende unter den vier Unterfamilien der Termiten, die scheinbar allein Pilze züchtet. Hier ist die seltsame Sitte aber viel weiter verbreitet und sehr verschieden hoch entwickelt und läßt uns wiederum auf den ersten Blick glauben, die Tiere könnten von all den verschiedenen Substanzen, die sie eintragen, hier vor allem also von Holz, seltener von Blattabschnitten und anderem, leben. Leider wissen wir von den Übertragungseinrichtungen bei den Termiten bis jetzt nur, daß sie prinzipiell denen der Ameisen zu gleichen scheinen.

Einen wesentlich anderen Charakter nimmt die Pilzzucht bei den holzbrütenden Borkenkäfern an, wenn hier der Pilzzüchter ganz nach Art anderer Insektenlarven, die man allgemein als holzfressend bezeichnet, in mehr oder weniger gesunden Stämmen und Stümpfen, aber jedenfalls in festem Holz, seine Gänge treibt, das Holzmehl aber, ohne daß es den Darm passieren würde, ununterbrochen aus dem Stamm befördert, so daß es in größeren und kleineren Häufchen die Anwesenheit der an sich so verborgen lebenden interessanten Tiere verrät. Hier hat das Insekt nicht für den Nährboden zu sorgen, sondern stellt die Gangwandung das Substrat für einen Pilz dar, der auf diesem nährstoffarmen Boden zu gedeihen vermag und diesen so für das ihn abweidende Tier in hochwertige, an Eiweiß reiche Nahrung umsetzt. Jede Spezies züchtet ihren spezifischen Pilz; vermutlich jedesmal einen Endomyceten. Aber Sicherheit werden wir erst hierüber bekommen, wenn es gelungen ist, die sporenbildenden Stadien aufzufinden, die in offenkundiger Abhängigkeit von der Kultur durch den Käfer im allgemeinen völlig unterdrückt werden. Auf die Übertragungsweise werfen die Feststellungen Schneider-Orellis einiges Licht, der fand, daß im Darmlumen der überwinternden Weibchen dickwandige Dauerzustände, wie sie auch sonst in Menge gebildet und gefressen, aber verdaut werden, unversehrt

aufbewahrt bleiben. Im Gegensatz zu den im Sommer der
Wandung entnommenen keimen sie auf künstlichem Nährboden sehr leicht, und sie sind es wohl auch, die die Weib-

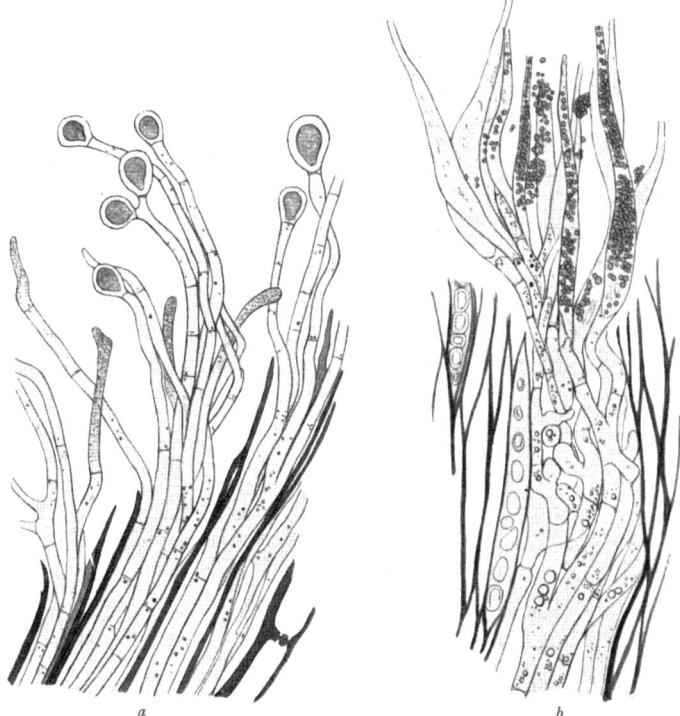

Abb. 1. Der von Hylecoetus dermestoides gezüchtete Pilz. *a*) Typische Vegetation in den Gängen. *b*) Sporenbildend, aus einer Puppenwiege. Original.

chen im neubeflogenen Stamm mit dem Kot entleeren und so aussäen[5]). Während bei uns die pilzzüchtenden Borkenkäfer nicht allzuhäufig sind, nehmen sie in warmen Ländern und besonders in den Tropen beträchtlich zu. Leben die Tiere in Samen und Früchten, die an Nährstoffen reich sind, wie in Datteln, Kaffee- und Kakaobohnen, so zählen sie nicht mehr zu den Pilzzüchtern. Daß die Gewohnheit eine uralte ist, belegen tertiäre Hölzer, in denen ganz die gleichen charakteristischen Gänge erhalten sind.

Zu diesen drei Typen pilzzüchtender Insekten gesellt sich als vierter die Ambrosiazucht des den Borkenkäfern ähnlich lebenden, in den Stümpfen von Buchen, Fichten usw. seine Galerien treibenden Käfers Hylecoetus dermestoides. Auch hier bedecken die stets sorgfältigst freigehaltenen Gänge üppig gedeihende, sauerstoffbedürftige Pilzrasen (Abb. 1a). Überall bricht aus dem Holz ein septiertes Mycel, das teils einfache Lufthyphen treibt, teils an derem Ende dickwandige, eiweißreiche, rundliche oder birnförmige Gebilde entwickelt, die Früchten gleich an ihnen hängen und zum Vergleich mit den sogenannten Kohlrabiköpfchen der Ameisenpilze und vor allem den ähnlichen Differenzierungen der Ipidensymbionten herausfordern[6]).

Die Übertragung dieses Pilzes auf die solitär lebenden Nachkommen war bisher vollkommen rätselhaft. Die verpuppungsreife Larve erweitert den Anfang des Ganges nächst der Rinde so weit, daß sie sich umdrehen kann — bis dahin schaffte sie das Holzmehl stets rückwärts schreitend mittels einer besonderen Karre, die sich ihr am Hinterende aus Chitin gebildet, hinaus, so daß es sich gleich den Halden am Eingange eines Bergwerkes an der Stammbasis sammelt — und verpuppt sich hier im Frühjahr. Die Imagines fliegen an benachbarte Stämme, legen da und dort in den Ritzen der Borke vereinzelte Eier ab, die auskriechende Larve sucht noch eine Weile nach einer zum Einbohren günstigen Stelle und — in dem jungen Gang wuchert alsbald wieder der für die Ernährung der Larve so unentbehrliche Rasen! Ausgeschlossen ist hierbei, daß die dem Ei entschlüpfte Larve erst eine Stelle im Holz sucht, die infiziert ist, denn der Pilz ist stets nur auf die engste Umgebung der Gänge beschränkt und niemals ohne Hylecoetus gefunden worden.

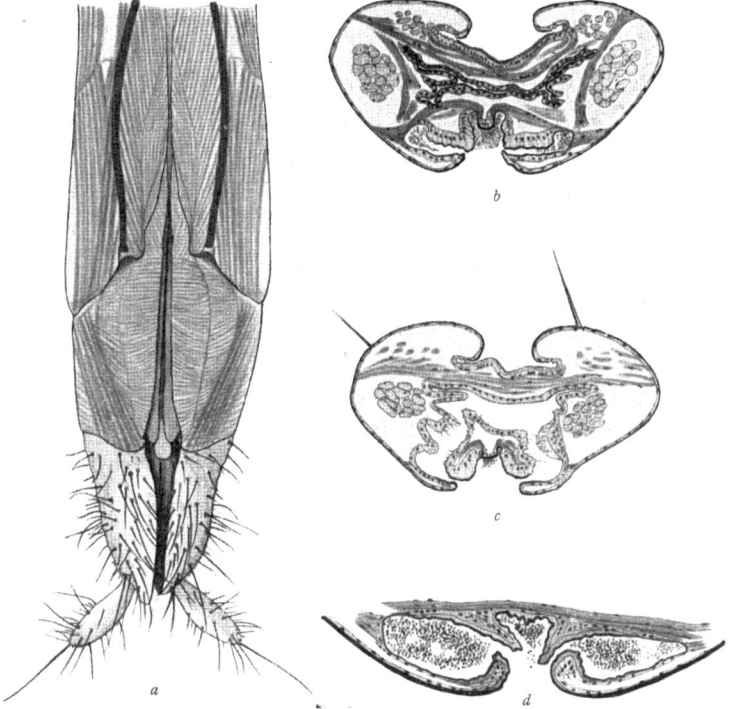

Abb. 2. Hylecoetus dermestoides. *a*) Hinterende des Weibchens von der Ventralseite gesehen. *b*) *c*) *d*) Querschnitte durch dasselbe. Bei *c*) ist der Übergang der sporengefüllten Rinnen in die Mundung der Vagina getroffen; bei *d*) die gefullten Rinnen starker vergroßert. Original.

Eine genaue Untersuchung des Hinterendes der weiblichen Imago zeigt uns den Weg zur Lösung des Rätsels. Denn dort finden wir auf der Ventralseite zwei langgestreckte nach der Mittellinie zu sich öffnende Taschen, die dicht mit rundlichen, dickwandigen, an Größe recht verschiedenen Pilzsporen gefüllt sind. In der Medianlinie selbst zieht eine weitere, ebenfalls sporengefüllte Rinne, und diese drei Reservoire laufen dort aus, wo der Eileiter, flankiert von den beiden Genitalpalpen, welche die zur Ablage geeignete Lokalität ertasten müssen, die Eier entläßt. Es kann kein Zweifel bestehen, daß hier eine Einrichtung vorliegt, die den Zweck hat, jedes abgehende Ei oberflächlich mit den Sporen zu beschmieren. Von der genial gewählten Lagerung des Organs abgesehen, sorgt vor allem die spezifische Entfaltung der Muskulatur, die hier teils quer, teils längs zieht, dafür, daß dieses Ziel erreicht wird (Abb. 2).

Woher aber bezieht der Käfer die Pilzsporen, die mit den genannten dickwandigen Stadien, die viel, viel größer sind, nichts zu tun haben, und bisher niemals zur Beobachtung kamen? Untersuchen wir die Pilzvegetation der Puppenwiege, so klärt sich auch dies auf. Denn hier allein begegnen uns zu dieser Zeit sporangienbildende Stadien, eigenartige, langgestreckte Behälter, die sich am freien Ende öffnen und genau die gleichen, dickwandigen, verschieden großen Gebilde entlassen, wie sie das ausfliegende Weibchen in zwei vollen Taschen mit auf die Reise nimmt (Abb. 1b). Neger, der den Hylecoetuspilz zuerst auffand, erklärte ihn als wahrscheinlich zu den Endomyceten gehörig, die nun entdeckten Sporangien erinnern außerordentlich an Dipodascus, den einzigen bisher bekannten Vertreter der Dipodascaceen, einer Unterfamilie der Endomycetales.

Nach dem, was wir im folgenden von anderen Käfern hören werden, frißt die der Eischale entschlüpfende Larve einen Teil derselben und damit von den daran klebenden Sporen und gibt diese unverdaut von sich, sobald sie einen neuen, kleinen Stollen in den Stamm getrieben hat. Wie im einzelnen die Füllung der Taschen vor sich geht, bleibt zu untersuchen; aber auch hierfür werden wir auf den folgenden Seiten die nötigen Parallelen kennenlernen[7]).

Noch können wir die Ambrosia züchtenden Insekten nicht verlassen, denn meine Studien haben weiterhin das über-

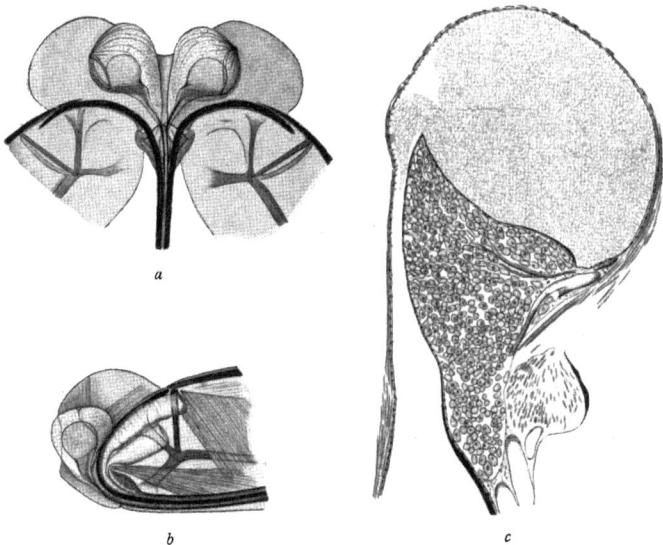

Abb. 3. Sirex gigas. *a*) Die pilzgefüllten Spritzen am Legeapparat von oben gesehen, *b*) in seitlicher Ansicht, *c*) Schnitt durch eine der Pilzspritzen von Sirex augur, die Drüse und die Füllung mit Oidien zeigend. Original.

raschende Resultat gezeigt, daß auch die Holzwespen (Siriciden), die ihre Gänge nicht frei halten, sondern das ganze Nagsel den Darmkanal passieren lassen, mit einem besonderen am Hinterende entwickelten Stopfapparat gleich hinter sich im Gang fest zusammendrücken und deshalb von vornherein als Pilzzüchter gar nicht in Betracht zu kommen schienen, dennoch zu diesen gehören!

Untersuchen Sie die Gegend, wo der so gewaltig entwickelte Legeapparat etwa einer Sirex gigas inseriert ist, so stoßen Sie auf ein sehr eigenartiges paariges Organ, das bisher merkwürdigerweise völlig unbeachtet geblieben ist, obwohl es eines der schönsten in der Reihe der Symbiontenübertragungsorgane ist, die ich Ihnen noch vorzuführen habe. Zwei regelrechte Spritzen, von spezifischen Chitinteilen getragen, deren Bedeutung für den Aufbau des Legeapparates notwendig bis dahin unklar bleiben mußte, sind mit zahllosen Oidien eines typische Schnallen bildenden Basidiomyceten prall und gleichmäßig gefüllt. Verbunden damit und gleichzeitig durch ihre Lage und Gestalt als Retentionseinrichtung dienend ist je eine Drüse, deren Sekret sich mit den durch einen verjüngten Gang austretenden Pilzen mengt (Abb. 3). Die Außenseite der birnförmigen Organe überziehen Muskelzüge, die auf dem Scheitel des ganzen Apparates an einem besonderen Chitinteil Halt finden, und deren Kontraktion die Oidien notwendig austreibt (vergl. Abb. 3 a). Die Mündungen aber liegen so, daß sie sich mit der Vagina und einer weiteren großen unpaaren Drüse in dem von den paarigen Teilen des Legeapparates gebildeten Gang vereinen.

Sowohl in der Unterfamilie der Siricinen als auch der Xiphydrinen fand ich, soweit ich sie studieren konnte, solche Einrichtungen. Der Bau der Chitinteile läßt ja hier schon ihr Vorhandensein erkennen und selbst die Füllung mit Pilzen ist an trockenem Museumsmaterial oft noch sehr wohl nachzuweisen (Abb. 4 a, b, c). Nur die Gruppe der Orussinen, die bisher zumeist als dritte Unterfamilie aufgeführt wurde, hat keine solchen Pilzspritzen, und von ihr hat sich neuerdings herausgestellt, daß sie recht abseits steht und nicht, wie man früher annahm, als Larve Holz frißt, sondern parasitisch lebt!

Auffassung, daß es sich nur um Commensalen handle, die höchstens dadurch, daß sie den Speisebrei ständig umrühren, nützlich werden können, die andere uns viel wahrscheinlicher dünkende gegenüber, daß eine Einrichtung vorliegt, die den Herbivoren hilft, die cellulosereiche Nahrung trotz Fehlens körpereigener Cellulasen auszunutzen. Die Infusorien sind stets mit Pflanzenteilen gefüllt, bauen aus ihnen ihren an Eiweiß und Glykogen reichen Körper auf und verfallen hier im Labmagen der Auflösung, dort im Enddarm der Nachverdauung. Wie groß die so dem Wirtstier zugeführte Eiweißmenge ist, erhellt aus der beträchtlichen Vermehrungsrate einerseits, dem Konstantbleiben der Ciliatenmenge andererseits. Der Abgang an encystierten Zuständen, die auch der Neuinfektion mit dem damit behafteten Futter dienen müssen, kann angesichts des Umstandes, daß sie bisher überhaupt noch nicht gefunden werden konnten, hierbei kaum ins Gewicht fallen.

Ungleich häufiger denn Protozoen aber werden Bakterien von den Tieren zur Lösung des Celluloseproblems herangezogen. Wir sind in der Lage, einen auch durch die bakteriologische Analyse gesicherten Fall als Typus voranzustellen, wie er bei Insekten offenbar vielfältig wiederkehrt. Die Larve des Rosenkäfers (Potosia cuprea), die in Ameisenhaufen von den modernden Holz- und Nadelteilen lebt, weist eine bruchsackartige Entwicklung des Enddarmes auf, die uns sofort an die bei Termiten kennengelernte erinnert und auch insofern wesensgleich ist, als hier, wie auch bei den Blinddärmen der Säugetiere und Vögel, ein Raum geschaffen wird, in dem die Nahrung für längere Zeit festgehalten und von Mikroorganismen beeinflußt wird (Abb. 5a). Selbst im Winter, wenn die Nahrungsaufnahme eingestellt ist, bleibt dieser Abschnitt holzgefüllt. Während der Mitteldarm auffallend arm an Mikroorganismen ist, wimmelt dieser Abschnitt von Bakterien. Werner, der im Greifswalder zoologischen und hygienischen Institut die Verhältnisse eingehend untersucht hat, konnte nun zeigen, daß sich in diesem Gemenge neben wertlosen, Holzsubstanzen nicht angreifenden Begleitbakterien stets vor allem ein celluloselösender Bacillus findet, der in Reinkultur isoliert werden konnte[10]. Dieses schlanke, peritriche, anaerobe Stäbchen findet sich, an dessen Zersetzung arbeitend, stets auch frei im Inneren des modernden Ameisenhaufens. Von der frisch geschlüpften Larve wird es, ohne daß besondere Übertragungseinrichtungen nötig wären, mit der Nahrung alsbald aufgenommen, und der gleiche Prozeß, der in der Umgebung der Larven langsamer vor sich geht, läuft beschleunigt im Enddarm derselben ab und führt zu Abbauprodukten, die der Wirtsorganismus zum Aufbau verwerten kann. Das Optimum der Vergärung liegt für den Bacillus cellulosam fermentans Werner bei einer Temperatur von 33—37° C, das Minimum bei 21° C und die Larven sind interessanterweise von diesem Organismus in so hohem Maße abhängig, daß diese Zahlen zugleich das Optimum und Minimum ihrer Gewichtszunahme bezeichnen! Sinkt die Temperatur im Ameisenhaufen Ende Oktober unter 21° C, so wird auch die damit nutzlose Nahrungsaufnahme eingestellt.

Wir können also in einem solchen Fall von spezifischen Gärkammern reden, die das Insekt für den erwünschten Mikroorganismus errichtet. Ganz ähnliche Gärkammern aber haben alle holz- und moderfressenden Lamellicornierlarven errichtet, meist in so gewaltigem Umfang, daß sie nicht nur deutlich durch den Körper als schwärzliche Regionen hindurchschimmern, sondern auch die typische gekrümmte Gestalt der Larven im Gefolge haben. Wir bilden sie außer von Potosia noch von Oryctes und Sinodendron ab und könnten ihre Zahl natürlich beliebig vermehren (Abb. 5b, c). Überall findet man hier den Mitteldarm arm

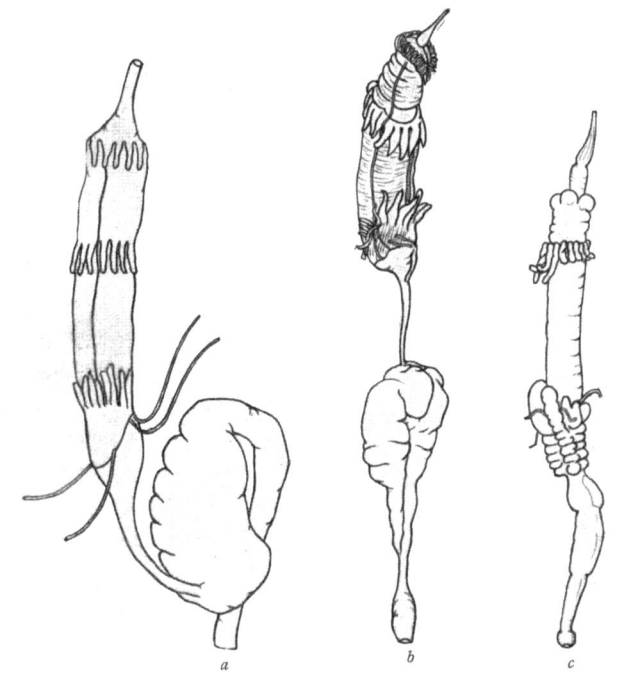

Abb. 5. Käferdärme mit Gärkammern. *a)* Von Potosia cuprea, nach Werner; *b)* von Oryctes nasicornis, nach Mingazzini; *c)* von Sinodendron cylindricum, Original.

an Bakterien, die Kammer davon erfüllt. Ist diese einmal damit infiziert, so kann sich eine solche Larve natürlich auch tiefer in relativ frisches Holz einbohren, wie dies bei Sinodendron etwa oder der gleich noch zu nennenden Ctenophoralarve der Fall ist.

Ganz entsprechende Zustände finde ich bei den ähnlich lebenden Dipterenlarven wieder (Abb. 6). Unsere Abbildung stellt drei verschiedene Tipulidenlarvendärme zusammen, einen von einer Tipula spec. aus moderndem Holz, einen Ctenophora zugehörigen und einen dritten, der einer Tipula-Art angehört, die zwar als Larve im Wasser lebt, hier aber die modernde Blätterschicht von Laubwaldtümpeln verzehrt. Den nächstverwandten räuberischen Formen fehlen diese bakterienreichen Enddarmabschnitte, die, auch wenn hier die spezielle bakteriologische Untersuchung noch aussteht, sicher die gleiche Aufgabe haben wie bei Lamellicornieren.

Auch hier drängt sich uns, wie bei der Protozoensymbiose, das Gegenstück der herbivoren Säugetiere auf, von denen wir ja mit Sicherheit wissen, daß sie, celluloselösender Fermente gänzlich bar, in erster Linie die Verwertung der cellulosereichen Nahrung Bakterien verdanken. Bei den Tieren mit mehrhöhligem Magen sind sie, abermals von zahlreichen gleichgültigen Formen begleitet, zu dem Zweck im Pansen und Netzmagen lokalisiert, sonst findet erst im Enddarm und insbesondere in dem oft so mächtig entwickelten Coecum, in das noch immer reichliche Mengen unverdauter Nahrung gelangen, die Celluloseverdauung, wenn wir von einer eventuellen Mithilfe der Ciliaten absehen, ausschließlich auf bakterieller Grundlage statt[11]).

Die dritte, seltsamste Kategorie von Symbiosen bei Tieren mit holz- oder mindestens cellulosereicher Kost, der wir nun uns zuwenden, und die uns augenblicklich am meisten gefangennimmt, reiht sich sinngemäß an die erste und zweite an, denn Pilzzucht außerhalb des tierischen Körpers auf geeignetem, sei es künstlich bereitetem oder natürlich sich bietendem Substrat, Zucht von Protozoen und vor allem Bakterien auf dem Nährboden der mit den Mandibeln zerkleinerten und mit mannigfachen Sekreten durchsetzten Nahrung in Hohlräumen des Darmkanals und Kultur von

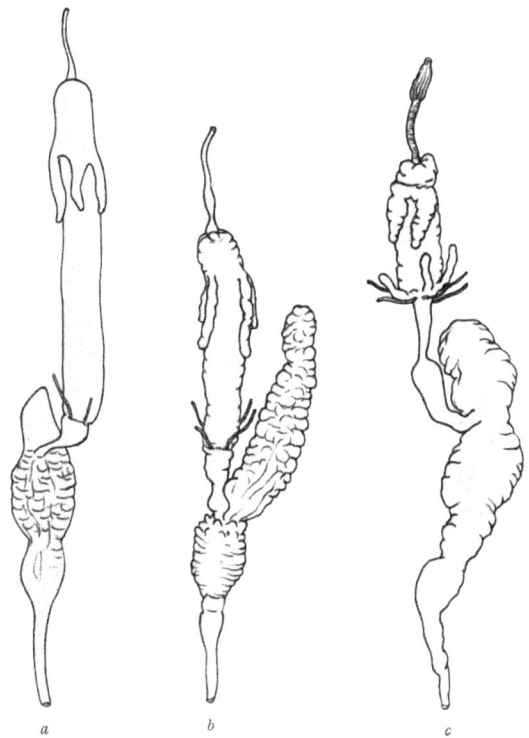

Abb. 6. Dipterendärme mit Gärkammern. *a*) Von einer Waldtümpel bewohnenden Tipulide, *b*) von einer Tipulide aus moderndem Eichenholz, *c*) von Ctenophora spec. Original.

pflanzlichen Mikroorganismen verschiedener Art in den Körperzellen des Wirtes selbst, ernährt von dessen Säften, sind die drei bekannten und allein möglichen Kategorien.

Meine und meiner Schüler Untersuchungen stellten vor allem in jüngster Zeit fest, daß dieser dritte Typ wohl der verbreitetste von den dreien ist und daß hier eine Fülle der intimsten Wechselbeziehungen zwischen Tier- und Pflanzenreich der Aufdeckung harrte.

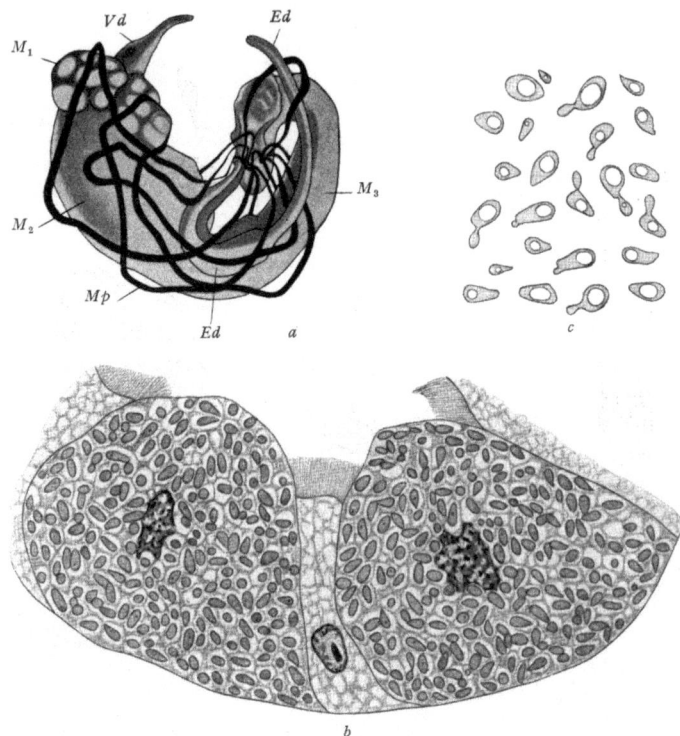

Abb. 7. Sitodrepa panicea. *a)* Darmkanal mit den hefebewohnten Anschwellungen (M_1), nach Karawaiew; *b)* 2 pilzbewohnte Zellen aus diesen; *c)* die Hefen isoliert. Nach Buchner.

Bis vor kurzem kannte man ja nur einen Fall, der hier zu nennen gewesen wäre, die Hefesymbiose, die alle Anobiinen, also ausgesprochene Holzzerstörer, in riesig vergrößerten, am Anfang des Mitteldarmes mächtige Aussackungen bildenden Zellen lokalisierten (Abb. 7). Schon vor Jahren habe ich die eigenartige Übertragungsweise, die hier geübt wird, an der Hand von Sitodrepa beschrieben: Dort, wo das Darmscheidenrohr des weiblichen Abdomens in die rückläufige Verbindungshaut umschlägt, senken sich tief in den Körper eigenartige chitinausgekleidete Säcke ein,

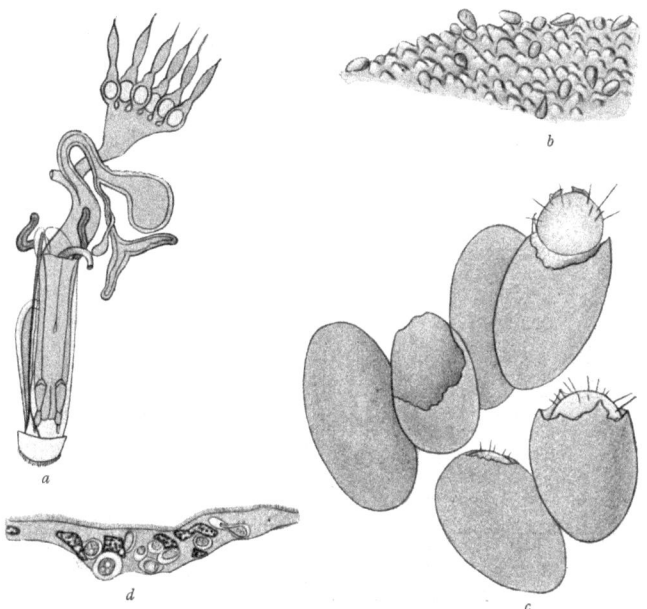

Abb. 8. Sitodrepa panicea. *a)* Geschlechtsapparat und Hinterende eines Weibchens. Die beiden hefegefüllten Beschmiersäcke sind etwas dunkler gezeichnet, nach Stein; *b)* ein Stück Eischale mit Höckern und Hefezellen; *c)* die schlüpfenden Larven fressen die Eischale, *d)* erste erneute Infektion des larvalen Darmepithels. Nach Buchner.

die man früher für „Anhangsdrüsen" gehalten hat, welche aber tatsächlich mit den gleichen Saccharomyceten dicht gefüllt sind, die in den Mitteldarmzellen leben. Sie stellen das Material dar, mit dem die höckerige Eischale bei der Ablage beschmiert wird, wo man sie bei genauerem Zusehen jedesmal haften sieht (Abb. 8a, b). Untersucht man nun das Schlüpfen der Larven aus der Eischale, so stellt man fest, daß sie diese hierbei zu einem großen Teil auffressen (Abb. 8c). Auf solche Weise gelangen die Hefen erneut in den Körper der jungen Generation, wo sie nun zwar vorübergehend noch frei im Darmlumen liegen, alsbald aber zum intracellularen Leben übergehen, indem sie lediglich an der Stelle, wo sich in der Folge die erwähnten Ausstülpungen finden, von den jungen Epithelzellen des Darmes aufgenommen werden und sich dann lebhaft zu vermehren beginnen (Abb. 8d)[12]).

Einer meiner Schüler, E. Breitsprecher, hat die Anobiinensymbiose neuerdings eingehender an der Hand mehrerer Formen untersucht und dadurch die Zweckmäßigkeit der Einrichtungen in ein noch helleres Licht gesetzt. Von Fall zu Fall variieren die Beschmierapparate ziemlich weitgehend, und all diese Varianten erscheinen jeweils wie Resultate eines erfolgreichen Experimentierens mit dem gleichen Ziel. So treten neben den genannten Einstülpungen stets noch paarige kürzere Säcke oder Taschen, ganz ähnlich den bei Hylecoetus beschriebenen, auf, die gemeinsam mit der Vagina ausmünden, also noch viel zweckmäßiger gelagert sind: eine doppelte Sicherung der Beschmierung der Eioberfläche. In anderen Fällen können die oberen Säcke ganz fehlen, aber die Pilze sich trotzdem auch in dieser Gegend dank eigenartiger, vom Chitin gebildeter und von modifizierten Haaren zugedeckter Krypten halten. Ganz die gleichen Einrichtungen sorgen eventuell auch in den „Anhangsdrüsen" dafür, daß ein gewisser Teil der Symbionten zurückbleibt. Weiterhin hat sich ergeben, daß die Pilzreservoire jeweils irgendwie mit einzelligen Drüsen kombiniert sind, deren Sekret sicherlich die Aufgabe hat, die Hefen auf dem Ei kleben zu lassen. Je weiter wir uns in die

Einzelheiten vertiefen würden, desto mehr Zweckmäßigkeiten würden wir aufdecken; die Muskulatur besitzt eine das Ausquetschen bedingende Anordnung; wenn die Mitteldarmblindsäcke der Larve bei der Metamorphose der Auflösung verfallen, wird jedesmal rechtzeitig ein Teil der Pilze in die schon vergrößerten Imaginalscheiben verpflanzt. Die Füllung der zunächst leer gebildeten Beschmiersäcke geht vom Enddarm aus zu einer Zeit vor sich, wo der junge Käfer sich in der Puppenwiege zu bräunen beginnt. Die Anobiinenhefen lassen sich in Reinkultur züchten. Sie wachsen bei den einzelnen Arten verschieden gut; nachdem schon Escherich die Symbionten von Sitodrepa gezogen, hat Dr. Heitz in meinem Institut in dieser Richtung weitere Erfahrungen gesammelt. Mycelbildung, wie sie ersterer beobachtete, trat in den Kulturen nicht auf, auch Sporenbildung konnte in keinem Fall erzielt werden. An der Saccharomycetennatur scheint trotzdem nicht zu zweifeln.

Zu den Anobiinen gesellen sich nun seit kurzem als weitere im Holz minierende Insekten mit komplizierten intracellularen Symbiosen die Cerambyciden. Nachdem Dr. Heitz bereits über sie berichtet, im wesentlichen die Dinge aber mehr mit den Augen des Botanikers betrachtet hat, habe ich mich erneut und eingehender mit ihnen beschäftigt. Die pilzbewohnten Organe der Bockkäferlarven ähneln bis zu einem gewissen Grade denen der Anobiinen, denn es handelt sich abermals um von Hefen bewohnte lokale Ausbuchtungen des Mitteldarmes. Während sie aber dort als sehr auffällige Gebilde unmittelbar hinter dem Kaumagen sich vorwölbten, finden wir sie hier ein Stück weiter hinter gerückt und von recht verschieden starker Entwicklung. So bilden wir sie von Harpium sycophanta als höchst unauffällige kleine Körperchen ab und erreichen sie bei Leptura oder Oxymirus beträchtliche Entfaltung zu blumenkohlartigen Gebilden. Innerhalb einer Art sind Zahl, Lage und Entfaltungsgrad natürlich konstant (Abb. 9 u. 10).

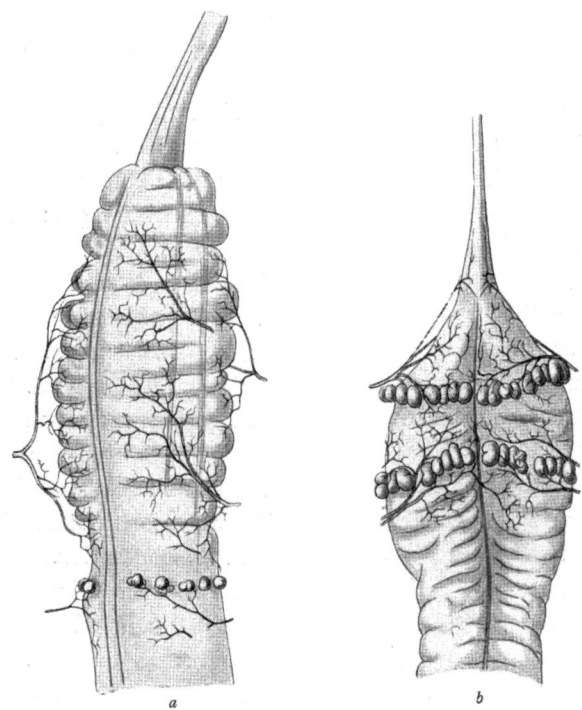

Abb. 9. Pilzorgane am Darm von Bockkaferlarven. *a)* Harpium sycophanta, *b)* Spondylis buprestoides. Original.

Die Hefen sind auch hier von Heitz gezüchtet worden, bei Leptura z. B. gelingt dies besonders leicht und führt eventuell zu kleinen Mycelien, die interessanterweise eine auffallende Ähnlichkeit mit Nectaromyces besitzen (Heitz), bei Rhagium dagegen bleibt Mycelbildung aus und die

Wachstumsweise ist ganz ähnlich der der Anobiensymbionten. Vergleicht man nun aber larvale und imaginale Därme, so ergibt sich, im Gegensatz zu den Anobiiden, daß die letz-

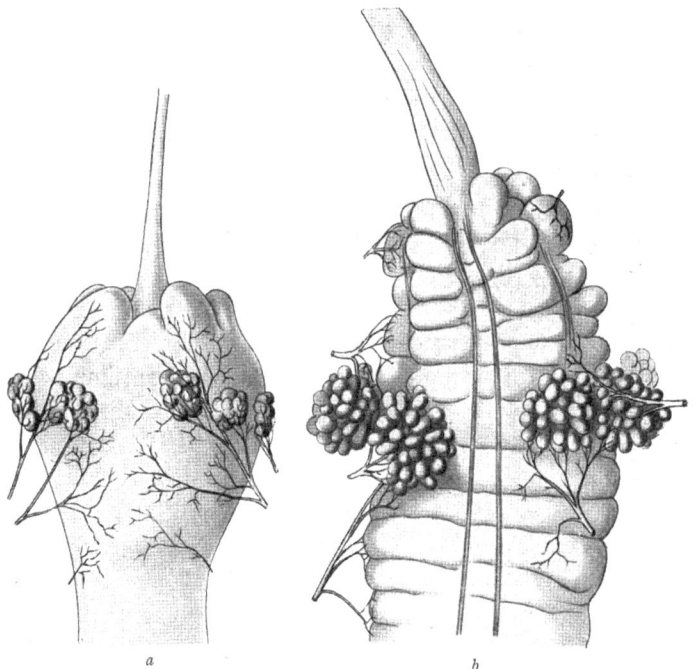

Abb. 10. Pilzorgane am Darm zweier Lepturalarven (Bockkäfer). Original.

teren nicht die gleichen Symbiontenwohnstätten besitzen, sondern sie in beiden Geschlechtern vermissen lassen. Der Schwund der larvalen Organe setzt, wie ich an Leptura rubra-Larven, die kurz vor der Verpuppung standen, feststellen konnte, zu ebendieser Zeit ein. Bedenken wir, daß gleichzeitig ein entscheidender Wendepunkt in der Ernährungsweise eintritt, da ja die Imagines der Bockkäfer Blütenbesucher und Freunde des Baumflusses sind, so wird uns dieser Wechsel nicht allzusehr überraschen, sondern eher daran erinnern, wie auch bei den Termiten Wechsel in der Kost stets mit einem entsprechenden Umschwung in der Flagellatenbesiedlung des Enddarmes begleitet war. Immerhin müssen wir von vornherein erwarten, daß zum mindesten im Organismus der weiblichen Imago die Symbionten an irgendeiner Stelle zum Zweck der Übertragung wiederzufinden sind.

Schon Heitz hat feststellen können, daß unsere Vermutung, die „akzessorischen Drüsen", die der gewissenhafte Stein schon 1847 in seinem Werk über die weiblichen Geschlechtsorgane abbildete, möchten nichts anderes sein als Homologa der Beschmierorgane der Anobiiden, zu Recht bestand. Untersucht man sie des genaueren, so nimmt die Ähnlichkeit noch zu. Stets handelt es sich um die gleiche intersegmentale Lage der Organe, wenn abermals dort, wo das zurückgezogene Scheidendarmrohr in das Futteral der vorangehenden Segmente umschlägt, hefengefüllte Säcke gebildet werden (Abb. 11). Zumeist sind sie verhältnismäßig klein und auf einer Seite von einem dicken Polster einzelliger Drüsen begleitet (Rhagiumarten, Lepturaarten, Spondylis, Cerambyx u. a. m.), bei anderen aber habe ich z. T. enorm entwickelte Apparate an der gleichen Stelle gefunden, die in vielen Windungen Knäuel bilden und in ihrem ganzen Verlaufe gleichmäßig mit den Hefen vollgepfropft sind. Rhamnusium—Necydalis—Oxymirus stellen eine solche aufsteigende Reihe dar. In diesen Fällen umgibt dann eine niedere Lage von Drüsenzellen allseitig den Schlauch. In der Ruhelage, d. h. solange das Hinterleibsende eingezogen bleibt, sind die Beschmiersäcke derart nach rückwärts geklappt, daß der verjüngte Ausführgang abgeklemmt ist — ein kurzes Chitinstück scheint eigens dabei als Fixpunkt zu dienen —, wird bei der Eiablage das Hinterleibsende vorgestreckt, so öffnet sich diese Sperre und die Hefen können ausgepreßt werden.

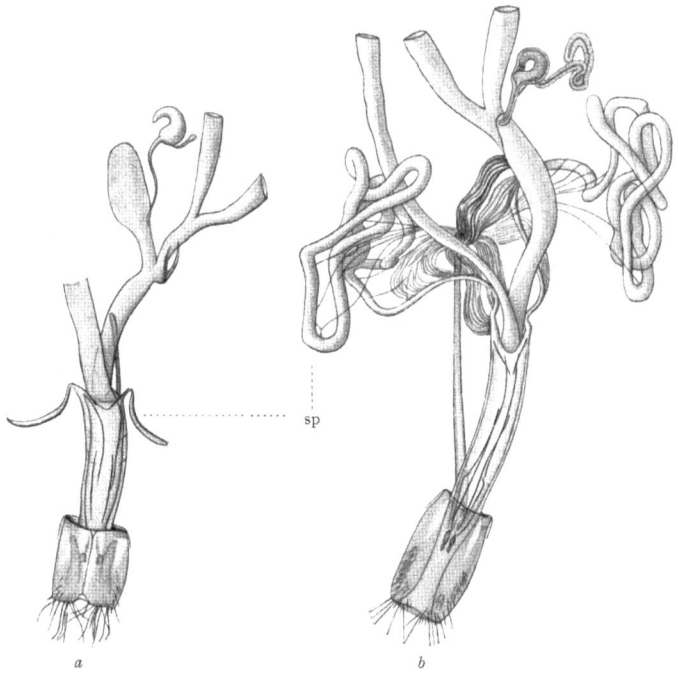

Abb. 11. Pilzspritzen (sp) und weibliches Hinterende zweier Bockkäfer. *a*) Rhagium bifasciatum, *b*) Oxymirus cursor. Original.

Bezüglich der komplizierten Einzelheiten der Muskulatur muß ich auf eine künftige ausführliche Publikation verweisen (Abb. 12).

Wie vorzüglich die Einrichtung jedenfalls funktioniert, konnte ich besonders schön bei Oxymirus cursor beobachten,

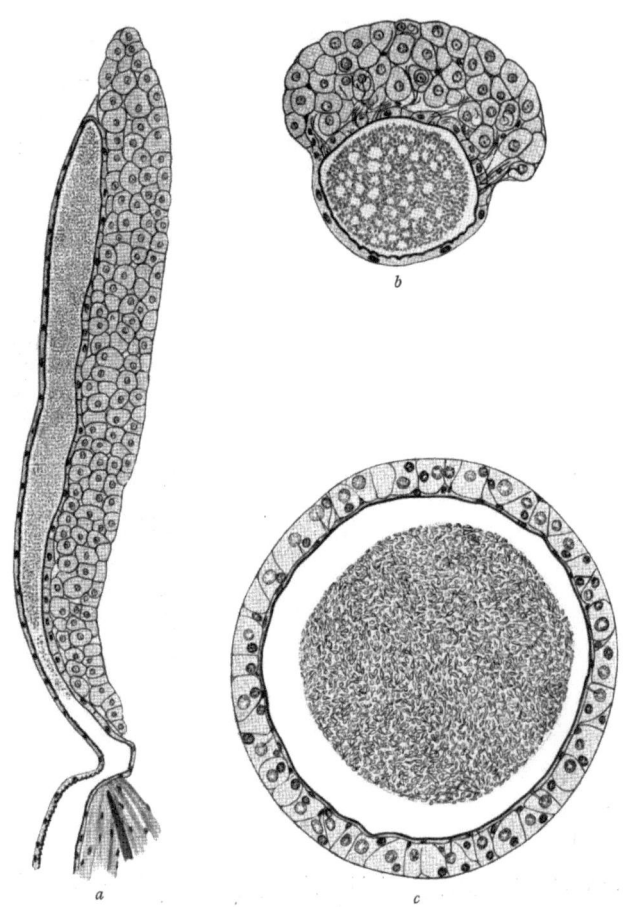

Abb. 12. Pilzspritzen von Bockkäferweibchen im Schnitt. *a*) Längsschnitt durch ein solches Organ bei Rhagium bifasciatum, das einseitige Drüsenlager zeigend, *b*) das gleiche im Querschnitt, *c*) Querschnitt durch das entsprechende Organ von Oxymirus cursor. Original.

der wie seine Verwandten in der Gefangenschaft sehr wohl zur Eiablage schreitet. Holt man die da und dort unter die Rinde geschobenen Eier hervor, so haften ihnen schon bei

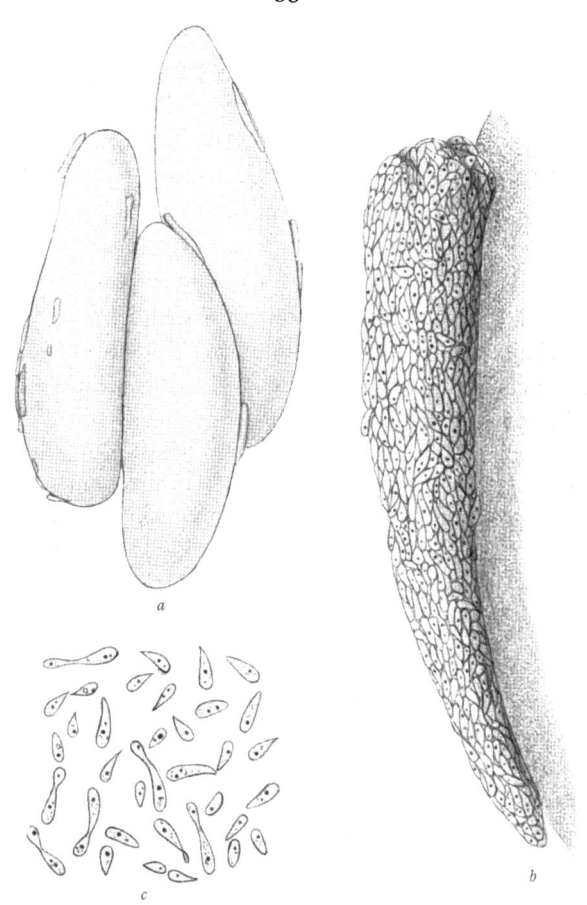

Abb. 13. Oxymirus cursor. *a*) Frisch abgelegte Eier mit anklebenden Klumpen von Hefen, *b*) ein solcher bei starker Vergrößerung, *c*) die Hefen aus dem Beschmierapparat des Muttertieres. Original.

geringer Vergrößerung kenntliche tropfenförmige Massen bald mehr, bald weniger reichlich an. Unter der Immersionslinse offenbaren sie sich dem staunenden Auge als dicke, kompakte Klumpen dicht gefügter Hefezellen, ganz so, wie sie notwendig aus jener voluminösen Pilzspritze, durch das reichliche Drüsensekret zusammengehalten, heraustreten müssen (Abb. 13). Nur äußere Umstände haben mich verhindert, die ausschlüpfenden Larven zu beobachten; daß sie sich wie die jungen Anobienlarven benehmen, d. h. einen Teil der Eischale mitsamt den Hefen fressen und damit ihre künftigen Pilzorgane beschicken, steht außer Zweifel[13]).

Vergleicht man eine größere Anzahl von Bockkäfern hinsichtlich der Gestalt der Symbionten, so erkennt man bald, daß sie jeweils spezifisch ist und daß wir hier vor einer Fülle bisher noch völlig unerforschter Organismen stehen. Unsere Abb. 14 führt uns den Inhalt der Übertragungsspritzen von neun verschiedenen Formen vor. Dabei fällt uns besonders der Inhalt von Tetropium castaneum auf, denn hier erscheinen nicht, wie sonst stets bisher, die höchstens unwesentlich modifizierten vegetativen Stadien, wie sie in den larvalen Organen gewuchert, sondern die charakteristischen helmförmigen, d. h. mit einem feinen Reif umzogenen Sporen, wie sie außer für einige Endomyceten für die Willia-Arten unter den Saccharomyceten charakteristisch sind. Schon Heitz fand sie bei Spondylis vor, die Untersuchung von Tetropium, Asemum, Criocephalus und Saphanus ergab mir seitdem, daß es sich hierbei um ein ganz allgemeines Charakteristicum der Spondyliina und Tetropiina handle, und die der Larven von Spondylis, daß bereits in ihren Organen die Sporenbildung in lebhaftem Gang ist, wobei meist zwei, seltener eine aus einer vegetativen Zelle entstehen.

Bei der Verpuppung der männlichen Larven muß die ganze Menge der jetzt überflüssigen Symbionten durch den Enddarm ausgestoßen werden, bei den weiblichen muß zum mindesten ein Teil derselben zur Füllung der Säcke bereitgestellt werden, doch harren diese Einzelheiten noch, wie so manches, der Untersuchung. Das gleiche gilt bezüglich des mutmaßlichen Umfanges

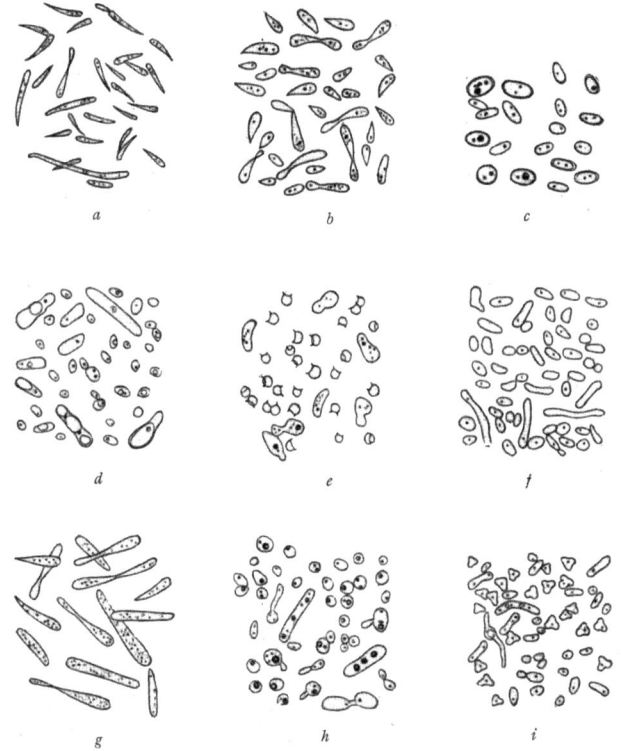

Abb. 14. Inhalt der Beschmierapparate von 9 verschiedenen Bockkafern. *a*) Rhamnusium bicolor, *b*) Oxymirus cursor, *c*) Cerambyx Scopoli, *d*) Rhagium bifasciatum, *e*) Tetropium castaneum, *f*) Strangalia macula, *g*) Necydalis major, *h*) Leptura rubra, *i*) Leptura cerambyciformis. Original.

der Erscheinung. Noch habe ich nicht das ganze System der mannigfaltigen Cerambyciden daraufhin absuchen können, indes steht jetzt schon ihre weite Verbreitung fest.

3*

Besondere Schwierigkeit macht natürlich auch der Umstand, daß das Larvenmaterial zum Teil recht schwer zugänglich oder oft kaum zu bestimmen ist. Erleichtert wird die Nachforschung andererseits durch das Vorhandensein der chitinausgekleideten Übertragungsorgane des weiblichen Käfers und den glücklichen Umstand, daß oft auch trockenes Museumsmaterial, ähnlich wie bei den Siriciden, in Kalilauge gekocht, den pflanzlichen Inhalt deutlich erkennen läßt. Als sichere Symbiontenträger können im Augenblick alle Stenochorina, Lepturina, Necydaliina, Saphanina, Spondylina, Tetropiina und ein Teil der Cerambycina (Cerambyx Scopoli) bezeichnet werden.

Immer fester davon überzeugt, daß irgendein kausaler Zusammenhang zwischen der spezifischen Nahrungsquelle und der Symbiose bestehen müsse, wandte ich mich weiterhin den holzzerstörenden Rüsselkäfern (Curculioniden) zu und wurde auch hierbei in meiner Erwartung nicht getäuscht.

Hylobius abietis und Pissodes notatus waren die ersten Objekte, denen ich mich widmete. Der erstere treibt als Larve tiefe, parallel laufende Furchen in den Splint der Fichten- und Kiefernstöcke, frißt sich schließlich eine geräumige Puppenwiege tiefer in ihn hinein und verstopft die Mündung mit den Holzspänen. Als Käfer weidet er vor allem plätzend die Rinde der jüngeren Bäumchen ab. Sein wirtschaftlicher Schaden ist ein ganz beträchtlicher, nicht als Larve, wo er nur in toten Stöcken lebt, wohl aber als Imago; Escherich nennt ihn den schlimmsten Würgengel der Waldjugend im zarten Alter.

Bei Pissodes abietis ist es umgekehrt der Larvenfraß unter der Rinde lebender Bäume, der den Käfer gefürchtet macht, während der imaginale Fraß an der Rinde widerstandsfähigerer älterer Pflanzen wenig in die Wagschale fällt.

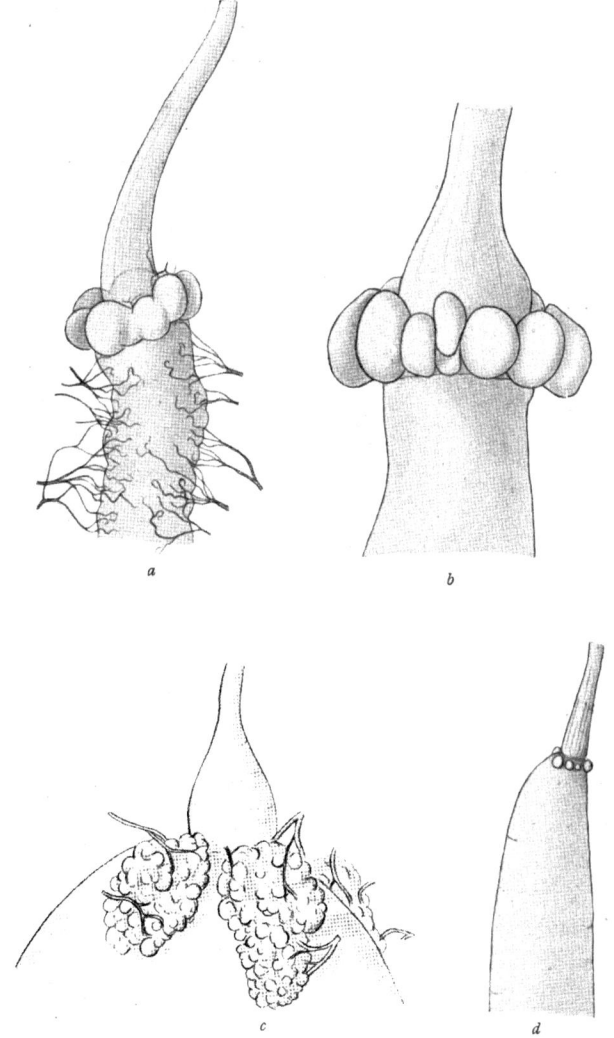

Abb. 15. Larvale Bakterienorgane bei Rüsselkäfern. *a*) Cryptorrhynchus lapathi, *b*) Hylobius abietis, *c*) Cleonus spec., *d*) Sibinia pellucens. Original.

Beide Larven besitzen dort, wo bei den Anobien der Mitteldarm die Blindsäcke treibt, einen eigenartigen Kranz jetzt massiver Körper, die, wenigstens bei Hylobius, alle untereinander zusammenhängen und deren zahlreiche Zellen von stäbchen- bis fadenförmigen Bakterien in Masse besiedelt werden! (Abb. 15). Mit dem Darmrohr selbst sind sie durch ein besonderes Zellpolster, das sie trägt, verwachsen, und wir vermuten, daß sie entwicklungsgeschichtlich als kompakt gewordene Darmwandwucherungen aufzufassen sind. Als ich in Besitz von Larven des Erlen und Weiden zerstörenden Cryptorrhynchus lapathi kam, bot sich das ähnliche Bild acht voneinander hier scharf gesonderter, bakterienbewohnter Knoten. Als weitere, wirtschaftlich bedeutungsvolle Larve mit ähnlichen Organen schließt sich die an Wurzeln junger Fichtenkulturen oft schweren Schaden tuende Larve der vielen Otiorrhynchusarten an[14]).

Darüber hinaus hat sich nun aber bei den Rüsselkäfern ergeben, daß auch Formen, die nicht von Holz leben, sondern in anderem, wenn auch cellulosereichem Material minieren, wie die Larven von Protapion aeneum, die in Malvenstengeln bohren, Blätter abweiden, wie die Cionusarten, in Fruchtanlagen wühlen, wie Sibinia in den Kapseln von Melandrium, Gymnetron in Linaria, endlich vor allem auch die ganze Gruppe der Cleoniden (Cleonus, Larinus, Lixus usw.), deren Larven bald in Stengeln, bald in Blütenböden von Cirsien zu finden sind, z. T. auch Gallbildungen veranlassen, ganz entsprechende, wenn auch oft nur sehr kleine und lose mit dem Darm zusammenhängende Organe besitzen. Wir bilden solche von Sibinia (Abb. 15d) und von einer Cleonuslarve (Abb. 15c) ab, dort acht winzige, leicht zu übersehende Körperchen, hier vier auffallende, traubige und mit dem Rest eines Lumens versehene Gebilde. So gilt es auch hier noch, in mühsamer Arbeit an Hand eines ebenfalls oft nicht leicht zugänglichen Larvenmateriales die Verbreitung der Symbiose in der formenreichen Gruppe weiter zu erforschen. Suchen wir in den Imagines nach entsprechenden Organen, so fehlen sie, ähnlich wie bei den Bockkäfern, auf

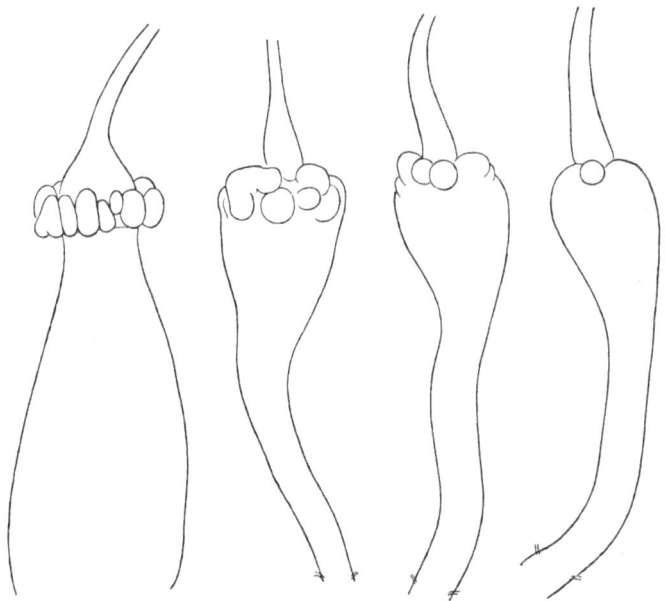

Abb. 16. Hylobius abietis. Rückbildung der larvalen Bakterienorgane kurz vor der Verpuppung. Original.

den ersten Blick. Tatsächlich liegen die Dinge aber wieder anders. Die Imagines beider Geschlechter behalten mit der cellulosereichen Kost auch ihre Symbionten bei, lokalisieren sie aber an anderer Stelle. Schon wenn man alte verpuppungsreife Larven untersucht, kann man unter Umständen leicht irregeführt werden, denn bereits an ihnen geht der

Abbau der Mycetome vor sich. Bei Hylobius habe ich an Larven, die sich im Herbst in die Puppenwiegen begaben und hierin monatelang unverändert lagen, endlich im Juni diese wichtige Phase in ihren einzelnen Etappen miterlebt. Schritt für Schritt sah man den Kranz der Organe sich rückbilden (Abb. 16). Auf Schnitten kann man dann feststellen, daß die gelockerten Mycetocyten zwischen Darmepithel und Muskularis nach rückwärts gleiten und so zur Bildung der entgültigen Wohnstätten führen. Diese stellen dann einzelne große, einkernige, dicht besiedelte Zellen dar, die je nach der Art, die vorliegt, in verschiedenem Umfang, aber stets an der Basis des Darmepithels, zwischen Darmzellen und Muskellage eingekeilt sind. Bei Pissodes bilden diese Mycetocyten eine kontinuierliche Lage, die sich über den ganzen Mitteldarm ausdehnt, bei Otiorrhynchus handelt es sich um einzelne Zellen oder kleine Nester, die aber nur auf einen anfänglichen Teil des Mitteldarms beschränkt sind, bei Hylobius sind die Zellen recht spärlich, bei Cleonus habe ich sie bis jetzt wenigstens noch nicht nachweisen können (Abb. 17).

Solche auf den ersten Blick recht überraschende Verschiedenheiten im Sitz der Symbionten sind tatsächlich gar nicht allzuselten und mindestens zum Teil durch die Umwälzungen bedingt, die die Metamorphose mit ihren weitgehenden Organeinschmelzungen mit sich bringt. So sind der larvale Sitz der Symbionten der Tsetsefliegen Ausstülpungen am Anfang des Mitteldarmes und der imaginale weiter analwärts gelegenen Epithelverdickungen (Roubaud), und prinzipiell ganz ähnliche Verhältnisse hat in meinem Institut gelegentlich einer Untersuchung der Pupiparen Herr Zacherias gefunden. In der Folge werden uns endlich auch die Trypetinen noch so einen Fall vorführen.

Weitgehende Unterschiede habe ich merkwürdigerweise hinsichtlich der Übertragungsweise innerhalb der Curculioniden festgestellt. Bei den Cleoniden, aber bisher auch

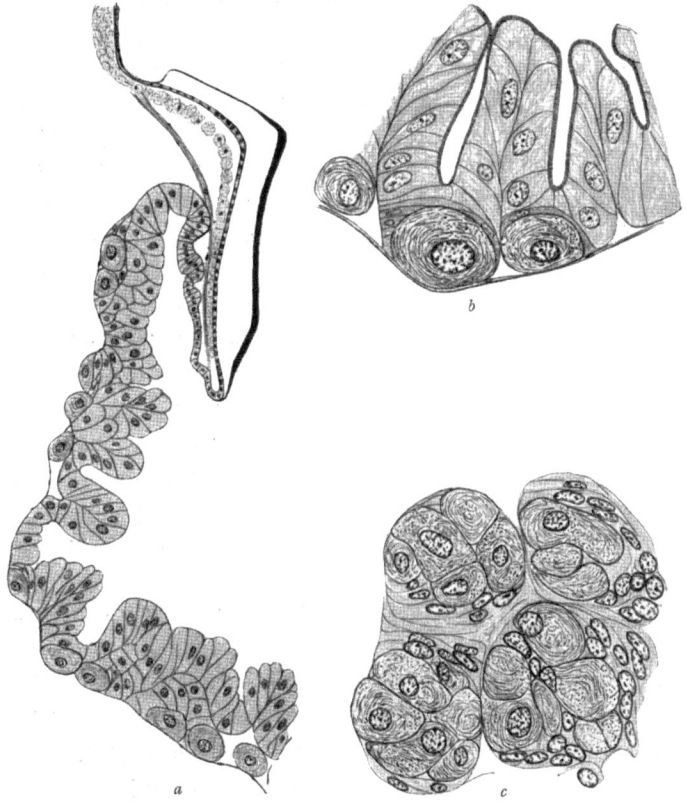

Abb. 17. Sitz der Symbionten in geschlechtsreifen Russelkäfern. a) b) Otiorrhynchus inflatus, c) Otiorrhynchus gemmatus (hier die Mycetocyten in Nestern). Original.

nur bei diesen, hier aber als durchgreifendes Charakteristicum, habe ich das Gegenstück zu den Pilzspritzen der Siriciden, Cerambyciden, Anobiiden in Gestalt von Bakterienspritzen gefunden. Sehen wir uns diese höchst seltsamen Organe, die abermals bisher der Aufmerksamkeit der Entomologen entgangen sind, bei Cleonus, wo sie am stattlichsten entwickelt sind, etwas genauer an. Lage und Mündungsverhältnisse offenbaren am klarsten Chitinpräparate (Abb. 18). Wo eine dünne Haut das letzte und vorletzte Segment, die in der Ruhelage beide in das drittletzte zurückgezogen liegen, verbindet, liegen beiderseits die engen Mündungen eines langkeulenförmigen Organes, dessen dickerer Teil durch rhythmisch sich wiederholende Einschnürungen in eine Anzahl Abschnitte zerlegt wird. Im Leben oder wenigstens ohne Kalilaugenbehandlung stellt es sich insofern anders dar, als jetzt eine wohlentwickelte, gleichmäßig vom blinden Ende bis zur Mündung ziehende oberflächliche Längsmuskulatur diese Abschnitte dicht aneinandergedrückt und die Oberfläche des Ganzen glatt erscheinen läßt. Zerdrückt man die Spritze, so quellen in endlosen Massen die schlanken, symbiontischen Stäbchen hervor, und auf Schnitten erkennt man, daß sie das ganze Lumen ausfüllen. Die gefaltete Wandung aber trägt lange Chitinhaare, die die Aufgabe haben, eine entsprechend hohe, sich oft deutlich absetzende Schicht Bakterien jeweils in dem Organ zurückzuhalten, ein Problem,

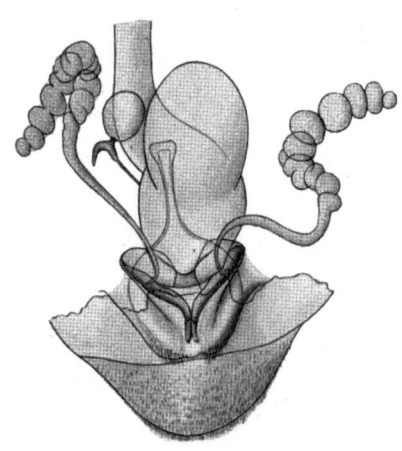

Abb. 18. Die Bakterienspritzen eines Cleonusweibchens nach einem Chitinpräparat. Original.

das wir nun schon auf die verschiedenste Weise bei solchen Übertragungsorganen gelöst gefunden haben (Abb. 19). Noch hatten wir keine Gelegenheit gehabt, das Funktionieren dieser Bakterienspritzen bei der Eiablage zu be-

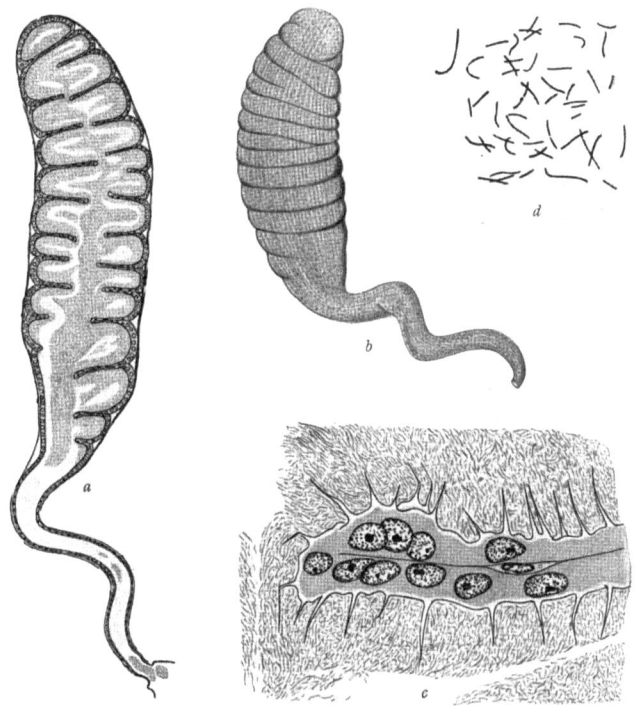

Abb. 19. Die Bakterienspritze eines Cleonusweibchens. *a*) Im Langsschnitt, *b*) total, die Langsmuskulatur zeigend, *c*) ein Stuck im Schnitt, *d*) die isolierten Bakterien des Organes. Original.

obachten, so daß wir nicht entscheiden können, ob auch hier Bakterienklumpen, wie man sie an getöteten Tieren aus der Mündung treten sieht (Abb. 19 a), beliebig der Eioberfläche angeklebt und diese von der schlüpfenden Larve gefressen werden, oder ob nicht die Bakterien den Weg der Spermien durch die Mikropyle nehmen, der den Hefen durch ihre Unbeweglichkeit und Größe versagt ist, und so viel früher der neuen Generation einverleibt werden. Zwei Gründe sind es, die uns das letztere vermuten lassen. Einmal stünde ein solcher Fall nicht einzig da, wir werden ihn vielmehr sogleich bei den Trypetinen zu schildern haben, und ferner, wir konnten die geschilderten Spritzen bisher nur bei den Cleoniden, bald ähnlich wie bei Cleonus, bald etwas einfacher, und vor allem natürlich auch bei kleineren Formen weniger voluminös finden, nicht aber etwa bei Otiorrhynchus, Hylobius, Pissodes usw. Und soweit ich bis heute an der Hand von Hylobius und Otiorrhynchus bei ihnen etwas über die hier gepflogene Übertragungsweise aussagen kann, wird sie auf ebenso einfache wie geniale Art bewerkstelligt. Ich finde nämlich dort in der voluminösen Begattungstasche neben und zwischen den Spermamassen auch beträchtliche Mengen von Bakterien, und ich nehme an, daß sie mit den symbiontischen identisch und bei der Besamung mit den Spermatozoen durch die Mikropyle in das Rüsselkäferei eintreten. Doch müssen hier weitere, nicht ganz leicht auszuführende Beobachtungen erst letzte Gewißheit bringen. Bis dahin möchten wir annehmen, daß bei den Curculioniden diese beiden leicht voneinander abzuleitenden Übertragungsmodi bestehen.

Den Anobiiden, Cerambyciden, Curculioniden reihen sich endlich als weitere holzfressende Wirte intracellularer Symbionten die Buprestiden an. Schon Heitz hat festgestellt, daß in den zwei voluminösen Blindsäcken, die er am Anfang des Mitteldarms einer unbestimmt gebliebenen Larve einmünden sah, Bakterien leben, und ich habe seitdem bei einer Reihe weiterer Formen die gleichen Organe wiedergefunden.

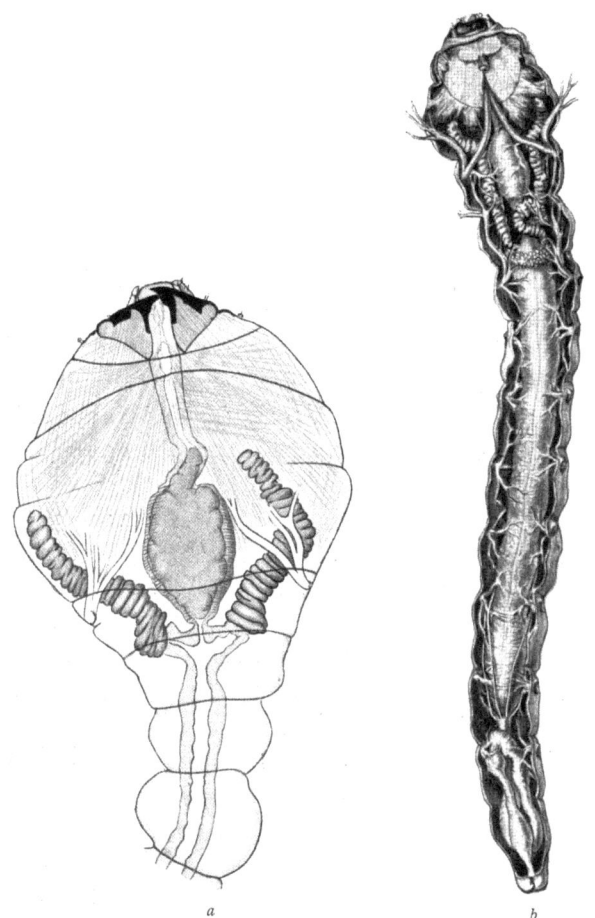

Abb. 20. Buprestidenlarven mit bakterienbewohnten Darmausstulpungen. *a)* Anthaxia spec. *b)* Megaloxantha bicolor. Original.

Unter Umständen fehlen die Säcke, aber das Darmrohr selbst bildet dann einen entsprechenden, besonders differenzierten Abschnitt aus. Bei einer exotischen Form, Megaloxantha bicolor Fabr., traf ich auf einen stattlichen Kranz korallenartiger Ausstülpungen hinter den beiden entsprechend der Größe der Larve enorm entwickelten perlschnurähnlichen Säcken. Ähnlich den Anobiiden und im Gegensatz zu den Cerambyciden behalten diese Käfer auch als Imagines die Organe bei (Abb. 20). Wie bei den Curculioniden gibt es neben in Holz und Borke Gänge bohrenden Larven auch solche, die von Blättern leben bzw. in ihnen minieren. An der Hand von Trachys minuta konnte ich mich davon überzeugen, daß, wie dort, auch hier die sich so ernährenden Arten die gleichen Einrichtungen besitzen.

Über die Übertragungsweise kann ich bis jetzt noch nichts aussagen, wie überhaupt die ganze Gruppe erst noch genauer untersucht werden muß.

Soweit die augenblicklichen Kenntnisse von symbiontischen Einrichtungen bei holz- und holzähnliche Stubstanzen fressenden Tieren. Mehrmals sind wir von ihnen hinübergeleitet worden zu Erfahrungen, die wir an Blätter, Stengel und Ähnliches fressenden Tieren machen konnten; die Termiten tragen zwar zumeist Holzteile ein, einige Formen aber auch Blattabschnitte, die Attaameisen nur selten Holz, die meisten Arten Blätter; in moderndem Holz und zwischen modernden Blättern lebende Tipulidenlarven besitzen die gleichen Gärkammern; die Herbivoren schließen sich die Zellwände des frischen Grünfutters wie von Stroh und Heu dank der symbiontischen Bakterien auf; die frische Pflanzenteile verzehrenden Cleoniden haben die gleichen symbiontischen Einrichtungen wie Hylobius oder Pissodes; und eben haben wir endlich gehört, daß innerhalb der Buprestiden die gleichen zwei Möglichkeiten bestehen.

Diese Erfahrungen führten uns auf den Gedanken, daß hier vielleicht die Möglichkeit gegeben sei, ein weiteres, bis dahin ganz vereinzelt und etwas unmotiviert dastehendes Vorkommen einem größeren Komplex von Erscheinungen einzuordnen. Durch eine ausgezeichnete Studie Petris, die in die Zeit fällt, bevor die Symbioseforschung ihren damals ungeahnten Aufschwung genommen hat, wissen wir schon lange, daß die in den Mittelmeerländern alljährlich

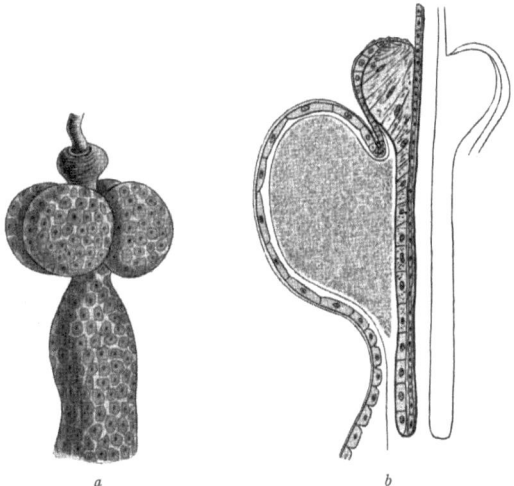

Abb. 21. Dacus oleae, die Olivenfliege. a) Die vier bakteriengefullten Darmausstulpungen total, b) im Schnitt. Nach Petri.

Millionenschäden verursachende Olivenfliege, Dacus oleae, zu den Symbiontenträgern zählt[15]). Die Larve dieser zu den Trypetiden gehörigen Dipteren besitzt wiederum am Anfang des Mitteldarmes als der zur Einrichtung einer symbiontischen Wohnstätte vorzugsweise sich bietenden Stelle vier kugelige Auftreibungen, deren Lumen mit einer dichten Masse stäbchenförmiger Bakterien gefüllt ist. Gelegentlich der Metamorphose aber wird dieser Sitz aufgegeben und die Imago beiden Geschlechtes bildet im Kopfe eine umfangreiche unpaare Ausstülpung des Oesophagus aus, in die die Symbionten bei der Einschmelzung des Mitteldarms diesmal ausweichen. Die den Eiern entschlüpfenden Larven haben bereits ihre bakteriengefüllten Säcke, aber trotzdem stellt nicht etwa eine Ovarialinfektion den zwecks Übertragung

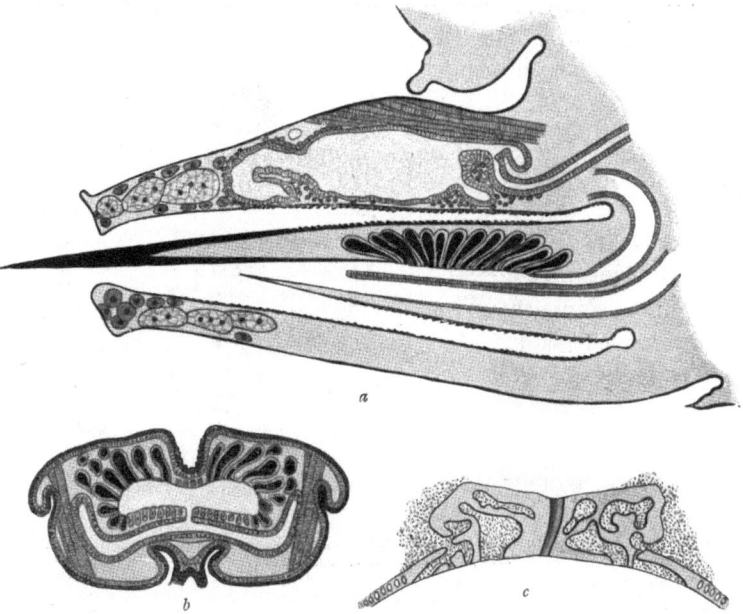

Abb. 22. Dacus oleae. Beschmiereinrichtungen am Legeapparat. *a)* Legeapparat im Langsschnitt, *b)* im Querschnitt (die bakteriengefullten Sacke schwarz), *c)* Mikropyle des abgelegten Eies mit Bakterien. Nach Petri.

beschrittenen Weg dar, sondern begegnen uns hier erneut Beschmiereinrichtungen am Hinterende des weiblichen Abdomens, ja diese sind, da sie von Petri schon sehr wohl beschrieben und in ihrer Bedeutung erfaßt sind, die ersten derartigen Organe gewesen, die man kennengelernt hat. Der Enddarm ist es hier, der kurz vor seiner Mündung eine große

Anzahl kryptenartiger Einstülpungen bildet, die mit den gleichen symbiontischen Bakterien gefüllt werden und so gelegen sind, daß auf die Mikropyle jedes austretenden Eies eine Portion derselben gepreßt werden kann. Hier kann angesichts des Umstandes, daß die noch in der Eischale liegenden Embryonen alsbald infiziert sind, kein Zweifel herrschen, daß die Symbionten den gleichen Weg einschlagen, den die Spermien gehen; daß die Dinge nach unserer Meinung bei dem größten Teil der Rüsselkäfer ähnlich liegen dürften, haben wir oben auseinandergesetzt.

Die Larve von Dacus miniert in dem so überaus ölreichen Fruchtfleisch der Olive, in das die Imago mittels ihres feinen spitzen Legeapparates die Eier gesenkt hat, und bringt sie so in Mengen zu vorzeitigem Abfallen. Sehen wir uns aber bei den zahlreichen, näheren Verwandten um, so treffen wir zunächst auf eine weitere Trypetine, die den Pfirsichen schädlich wird, dann aber auf eine ganze Anzahl Trypetiden, die als Larven vor allem in den Blütenböden vieler Kompositen, wie Cirsien, Kletten, Zentaurea, Achillea, Bidens usw. wühlen, teils in Kirschen, Hagebutten, Früchten der Berberitze leben, in Blättern von Artemisia minieren oder gar Gallen erzeugen und deren Gewebe verzehren, wie Euribia in Stengelgallen von Cirsium arvense oder Myopites in Blütengallen von Inula und anderen Kompositen. Mit anderen Worten, die Lebensweise erinnert sehr an die Varianten, wie sie etwa bei Rüsselkäferlarven vorkommen. All das legte die Möglichkeit nahe, daß auch die übrigen Trypetinen Symbiontenträger seien. Die erste, in Kompositen minierende Form, die ich heranzog, bestätigte sogleich die Vermutung. Im einzelnen wird das neue Gebiet, das sich damit eröffnet, zur Zeit in meinem Institut von Dr. Stammer untersucht. Zahlreiche bis heute von ihm geprüfte Trypetinen erweisen sich als bakterienführend. Aber nicht alle folgen genau dem Typus von Dacus. Zum Teil werden die Bakterien einfach im Mitteldarmlumen gezüchtet und unterbleibt auch die Ausbildung des imaginalen Kopforganes. Manchmal wird wenigstens das larvale Organ errichtet. Aber stets findet sich scheinbar prinzipiell die gleiche Übertragungsweise, obwohl die sie garantierenden Einrichtungen wesentlich vereinfacht sein können.

Wir glauben also nach diesen neuesten Erfahrungen guten Grund zu haben, diese Dipterensymbiose an die im vorangehenden zusammengestellten Vorkommnisse als ein weiteres Beispiel dafür anreihen zu dürfen, daß nicht nur ausgesprochene Holznahrung, sondern nicht selten auch nur cellulosereiche Pflanzennahrung überhaupt sich mit der Einrichtung von Symbiosen deckt.

Schließlich möchten wir an dieser Stelle an die Ambrosiagallen erinnern, die uns vor allem Neger näher kennengelehrt hat. Alle Asphondylia-Arten, also wiederum Dipteren, bilden Gallen, bald Sproß-, bald Blüten-, Frucht- oder Knospengallen, deren Wandung von einem Pilzmycel ausgekleidet ist, das die tatsächliche Nahrung darstellt, und erinnern uns so einerseits an die Pilzzucht bei Ameisen, Termiten, Borkenkäfern usw. und andererseits an die Tatsache, daß auch gallenbildende Rüsselkäferlarven und Trypetinenlarven Wirte intracellularer Symbionten sind. Es mag daher wohl möglich sein, daß noch so manche symbiontische Einrichtung unter den zahlreichen Gallen erzeugenden Insekten bisher verborgen geblieben ist. An der Zweckdienlichkeit der Asphondyliapilzzucht, die uns auch aus eigener Anschauung wohlbekannt ist, möchten wir jedenfalls — im Gegensatz zu Ross — nicht zweifeln, auch wenn man hier und da ein Überwuchern des Pilzes oder eine geringe Entfaltung desselben beobachten kann. Nach Ross ist das stete Zusammensein nur durch eine äußere Verunreinigung der eben geschlüpften Imago mit den Pilzsporen gewährleistet, und ich selbst habe — als ich 1914 und später auf sein Ersuchen hin Asphondylia sarothamni daraufhin untersuchte, keine spezifischen Einrichtungen gefunden. Allerdings glaubte ich, dem damaligen Stand meiner Kenntnisse entsprechend, vor allem nach einer Infektion der Ovarialeier suchen zu müssen, und die raffinierten Beschmier- und Spritzeinrichtungen, die wir heute hier vorgetragen, waren mir damals noch unbekannt. Infolgedessen kann ich meine negativen Ergebnisse, die Ross in seiner Publikation mitgeteilt, heute nicht ohne erneute Prüfung, die ich mir vorgenommen, aufrechterhalten[16]).

Jedenfalls führen uns die Asphondylialarven abermals einen neuen Weg vor, wie dank einem symbiontischen Bündnisse mit einem Pilz auf dem Boden eines cellulosereichen Gewebes eine hochwertigere Nahrungsquelle erschlossen werden kann.

Damit ist nun zwar der augenblickliche Stand unserer Kenntnisse von irgendwelchen symbiontischen Einrichtungen bei Tieren mit holz- oder wenigstens cellulosereicher Kost umrissen, aber sicherlich ihre tatsächliche Verbreitung noch nicht erschöpfend erforscht. Harren doch noch ganze Gruppen hierhergehöriger Formen der genauen Untersuchung, wenn wir etwa an die rindenbrütenden Borkenkäfer denken, an die z. T. mehr oder weniger von moderndem Holz lebenden Tenebrioniden- und Elateridenlarven, an die Bostrychiden, die Lyctiden, Mordelliden, Oedemeriden und manche andere. Wir dürfen überzeugt sein, daß hier eines Tages noch so mancher Symbiosefall bekannt wird.

Den Kenner der Literatur wird es vielleicht wundernehmen, daß wir nicht auch auf die schon relativ weit zurückliegenden Angaben Portiers[17]) eingegangen sind, der vor allem die in Typhastengeln minierenden Nonagria-(Schmetterlings-)larven und Imagines untersucht hat und bei ihnen eine insofern aus dem Rahmen alles Bekannten herausfallende Symbiose gefunden haben will, als Conidien einer Isaria, die sich, ohne je ein Mycel zu bilden, vermehren, nicht nur im Darmlumen und Darmepithel finden, sondern alle möglichen weiteren Gewebe, Fettzellen, Muskulatur, Nervensystem, Eizellen usw. in zügellosester Weise überschwemmen. Ähnliches findet er bei Sesia, Zeuzeria und den bekanntlich in festem Holz ihre mächtigen Gänge treibenden Cossuslarven und sieht den Sinn der Erscheinung darin, daß die Pilze mittels der Cellulosesubstanzen ihren Leib aufbauen und ihrerseits im Leib des Wirtes in großen Mengen der Resorption verfallen. Ich habe die Verhältnisse einer Nachprüfung unterziehen lassen, und Frl. J. Schwarz, die sich ihrer angenommen hat, kam hierbei zu dem bisher noch nicht veröffentlichten Resultat, daß es sich überhaupt nicht um Pilze, sondern um Mikrosporidien handelt, die an vielen Lokalitäten tatsächlich jedes Tier derart mit ihren Sporen durchsetzen, gelegentlich aber doch auch spärlich sind oder ganz fehlen können. Überfärbte und nur flüchtig betrachtete Präparate haben Portier, der schon in seinem Buch „Les Symbiotes" seiner Phantasie so sehr die Zügel hat schießen lassen, zu der irrigen Deutung verführt. Auch bei anderen minierenden Schmetterlingslarven, wie etwa Cossus, findet man, nur nicht so häufig, dieselben Parasiten, und wer sonst viele Insekten untersucht, weiß, wie gewaltig sie oft die Gewebe überschwemmen können, ohne sichtlichen Schaden zu tun.

Anderweitige, wirkliche Symbiosen haben sich bei diesen Objekten bis jetzt nicht finden lassen, so daß sie entweder fehlen oder in einer sehr versteckten Form realisiert sind.

Ein solcher vereinzelter negativer Fall ändert aber nichts an der Tatsache, daß aus unserer Zusammenstellung deutlich hervorgeht, daß die symbiontischen Einrichtungen all der genannten Tiere offenkundig in einem inneren Zusammenhang mit ihrer Ernährungsweise stehen. War es doch die extreme Holznahrung, die uns zunächst bei der Auffindung der Symbiosen bei Siriciden, Curculioniden, Cerambyciden, Buprestiden den Weg gewiesen hat, fehlten doch den blütenbesuchenden Bockkäferimagines die Pilzorgane der Larve, suchten wir vergebens bei ähnlich im Holz lebenden, aber räuberischen Insektenlarven nach solchen Einrichtungen!

Diese deutlich in die Erscheinung tretende ökologische Bedingtheit besagt natürlich zunächst noch nichts über eine eventuelle Zweckmäßigkeit der Einrichtung vom Standpunkt des Wirtes aus. Die cellulosereiche Nahrung könnte sehr wohl von vornherein die Einschleppung und Einbürgerung gewisser Parasiten bedingen.

Dagegen läßt sich aber sofort ins Feld führen, daß z. B. im Darmlumen einer Bockkäferlarve mit ihren hefebesiedelten Organen praktisch Sterilität herrscht, und man vergebens etwa nach dem Bakteriengewimmel suchen wird, wie es zwischen den Holzteilen in den Blindsäcken des Enddarmes einer Tipuliden- oder Lamellicornierlarve stets auf den ersten Blick imponiert. Desgleichen kann man z. B. lange suchen, bis man etwa in dem Holzbrei, der den ganzen Darm eines in altem Holz bohrenden Teredo erfüllt, ein Bacterium findet. Das holzfressende Tier ist also jedenfalls in der Lage, Invasionen von Mikroorganismen abzuwehren, und wo solche Aufnahmen und gar Einbürgerung gefunden werden, bekommt man den Eindruck des Gewollten. Bei einem Teil der geschilderten Symbiosen liegt nun ja eine Zweckdienlichkeit auch ohne weiteres auf der Hand oder ist durch bakteriologische Untersuchung erwiesen worden. Wir denken an die gesamten Ambrosiapilzzüchter, die Tiere mit Gärkammern, die herbivoren Säugetiere. Wie aber sollen wir die intracellularen Symbiosen bewerten?

Bei der Beantwortung dieser Frage sind wir heute noch auf die vorsichtige Abwägung von Wahrscheinlichkeiten angewiesen. Ihre experimentelle Inangriffnahme steht leider noch aus. Unsere Vermutung geht dahin, daß die intracellular gezogenen Mikroorganismen in irgendeiner Weise ein Äquivalent der Ambrosiapilze und der Bakterien in den Gärkammern oder der Flagellaten im Termitendarm darstellen. Kann es doch kaum ein Zufall sein, daß die drei Kategorien stets vikariierend auftreten. Pilzzüchter und Gärkammern besitzende Tiere hegen niemals gleichzeitig intracellulare Symbionten und umgekehrt, genau so wenig, wie Pilzzucht und Gärkammern irgendwo vereint auftreten oder etwa bei den Termiten Pilzzucht und Polymastiginenzucht nebeneinander Platz findet.

An dieser Stelle werden wir uns auch insbesondere daran erinnern, daß durch hier erstmalig mitgeteilte Beobachtungen bezüglich der Übertragungsweisen diese Auffassung ganz wesentlich gestützt wird. Hat sich doch gezeigt, daß Insekten, die eine offenkundig zweckmäßige Pilzzucht betreiben, wie Hylecoetus oder die Siriciden, ganz entsprechende Beschmier- und Spritzeinrichtungen ausgebildet haben, wie

Tiere mit intracellularen Symbionten. Insbesondere zeigen ja die anatomischen Verhältnisse bei Hylecoetus und Anobiiden eine ganz überraschende Ähnlichkeit. Wir werden also vor allem daran zu denken haben, daß auch durch die intracellularen Symbionten dem Wirtstier die Cellulosen und die mannigfachen Inkrusten derselben aufgeschlossen werden, sei es, um zum Zellinhalt zu gelangen, sei es, um Abbauprodukte dieser selbst dem tierischen Stoffwechsel zuzuführen. Fehlen ja nicht nur den Herbivoren die hierzu nötigen Enzyme, sondern gehört auch ihr Nachweis bei den Wirbellosen zu den Ausnahmen. Biedermann und Moritz haben bekanntlich gefunden, daß der Kropfsaft der Weinbergschnecke Reservecellulosen (Lichenin), wie sie sich etwa im Endosperm von Dattelkernen finden, aufzulösen vermögen. P. Karrer, der neuerdings das Enzym von Helix pomatia eingehend untersuchte, stellt fest, daß diese Lichenase die Reservecellulosen zu Glykose spaltet. Auch bei Teredo, dem Schiffsbohrwurm, Astacus, Forficula und einem Schmetterling, Gastropacha rubri, wurde eine Lichenase nachgewiesen. Sehr konzentrierter Schneckensaft kann aber auch nach Karrer sogar noch reine Watte und Filtrierpapier spalten[18]).

Betrachten wir aber diese Tiergruppen, die vor allem aus eigenen Kräften Cellulosewände zu lösen vermögen und von Holzsubstanz leben können, mit den Augen des Symbioseforschers, so erkennen wir sofort, daß es sich um Formen handelt, die bis heute keinerlei Beispiele für Ernährungssymbiosen geliefert haben und auch offenkundig nicht liefern werden. Der Organismus einer Helix ist histologisch so wohlbekannt, daß wir von vornherein sagen können, hier ist kein Platz für eine symbiontische Einrichtung, Teredo navalis habe ich daraufhin genau im Leben untersucht, wie zu erwarten, mit negativem Erfolg. Die gesamten Crustaceen sind nicht minder Ernährungssymbiosen abhold, und die Lepidopteren neigen offenkundig ebensowenig dazu.

Es besteht also eine weitere, deutlich in unserem Sinn sprechende Regel, daß Enzymproduktion und Symbiose bei niederen Tieren mit cellulosereicher Kost, soweit unsere Kenntnisse reichen, nie gleichzeitig vorhanden sind. Holznahrung verlangt möglicherweise unabweisbar eine der beiden Einrichtungen, Blatt- und Stengelkost scheint dagegen auch zugänglich zu bleiben, wenn weder tiereigene noch fremde lösende Enzyme zur Verfügung stehen. Unsere Beobachtungen an minierenden Insektenlarven sprechen nur dafür, daß dann die Symbiose sich einstellen kann, aber sicherlich nicht muß. Denn es bleibt dem Tiere immer noch der allerdings denkbar unrationelle Ausweg, wie ihn etwa die blattfressenden Schmetterlingsraupen einschlagen, wenn sie auf die Ausnutzung aller beim Abbeißen unverletzt gebliebener Zellen verzichten.

Aufgabe künftiger Forschung wird es sein, zu prüfen, inwieweit unsere Vermutungen zu Recht bestehen. Zwei Wege werden hierbei dem Ziele näher führen: Reinkultur der Symbionten, wie sie nun schon mehrfach gelungen ist, und Prüfung ihrer Eigenschaften auf künstlichen Böden einerseits und der Versuch, das Tier nach dem Vorgang Clevelands, wenn auch mit anderen Mitteln, von seinen intracellularen Symbionten zu befreien und an den Ausfallserscheinungen ihre vitale Bedeutung darzutun. Beide haben wir zu beschreiben begonnen. Gerade die allmählich immer zahlreicheren Fälle der Symbiontenübertragung durch äußeres Beschmieren bieten ja die Möglichkeit, durch geeignete Waschungen sterile Tiere zu bekommen. Hoffen wir, daß sie eines Tages zum Ziele führen.

Meine Damen und Herren! Ich habe zwar nur ein einziges Kapitel der Symbiontologie vor Ihnen aufschlagen können und mußte es, dem bisherigen, von der Morphologie und Ökologie ausgehenden Weg der Erforschung entsprechend, in Vermutungen und Hypothesen ausklingen lassen, aber es mag doch genügen, Ihnen eine Vorstellung von den erstaunlichen Dingen zu geben, denen wir auf diesem Neuland Schritt für Schritt begegnen. Würden wir ähnlich die Symbiosen bei den blutsaugenden oder bei leuchtenden Tieren, bei Homopteren usw. durchsprechen, wir würden nur noch mehr Wunder auf Wunder häufen. Zum Teil würden wir viel komplizierter gebauten Organen begegnen, zwei, drei, ja vier Symbiontensorten würden unter Umständen in einem Wirt vereint sein, sei es, daß ihnen dann gesonderte Kammern eines einzigen Mycetomes eingeräumt werden oder eine Vielheit von Wohnstätten auftritt. Fast überall würden im Gegensatz zu dem hier Beobachteten die Ovarialeier bereits in überaus gesetzmäßiger Weise von den Symbionten infiziert werden, ja, wo hierzu wenig geeignete umfangreichere Wuchsformen entwickelt werden, würden wir staunend erleben, wie zur rechten Zeit, am rechten Ort, in abgemessener Menge allein im weiblichen Tier spezifische transportgeeignete Infektionsformen herangezüchtet werden. Wo mehrere Symbiontensorten nebeneinander leben, würden wir zusehen, wie von jeder sich eine bestimmte Menge Abgesandter an der gleichen Einfallspforte ins Ei einstellt und unter Umständen sogar nach Sorten wohlgeordnet darin Platz nimmt. Ein Blick auf das Verhalten der Symbionten während der Embryonalentwicklung würde uns nur von neuem zeigen, wie diese Fremdlinge im Organismus körpereigenen Zellen gleich in den harmonischen Ablauf der Geschehnisse einbezogen werden.

All das sind Tatsachen, an denen kein Zweifel mehr möglich, die jederzeit an zahllosen Objekten zu demonstrieren sind. Heute kann sich der Skeptiker höchstens noch dahin zurückziehen, daß er erklärt, nur dort an eine Nützlichkeit der Einrichtungen für den Wirt glauben zu können, wo sie so mit Händen zu greifen ist wie bei der Ambrosiazucht oder einer Leuchtsymbiose, oder durch das Experiment erhärtet ist. Dann aber muß er sich bewußt sein, daß er damit ein noch viel größeres Rätsel einführt. Denn dann bleibt uns nur der allzu schattenhafte Begriff der „fremddienlichen" Zweckmäßigkeit, dann wären all diese Pilzwohnstätten und Übertragungsorgane, jene Spritzen mit ihren Muskeln und Drüsen, die Anpassungen, mit deren Schilderung man heute schon einen starken Band füllen kann, vom Mikroorganismus dem Wirte abgerungene Reaktionen morphologischer und physiologischer Art. Bisher hat man ja diesen Begriff nur herangezogen, um die Rätsel, die uns die Anpassungen der Pflanzengallen aufgeben, zwar nicht zu lösen, aber zu umschreiben. Damit würde jedoch diesem Prinzip plötzlich eine Reichweite gegeben, daß es zu einer Revolution unserer Grundvorstellungen über die Zweckmäßigkeit biologischen Geschehens führen müßte. Aber welcher Anreiz sollte überhaupt für diese Bakterien und Hefen, die tausendfältig auch außerhalb des tierischen Körpers, von wo sie ja stammen müssen, ihnen entsprechende Lebensbedingungen finden und die sich damit gleichsam nur in ein ihre Vermehrungsmöglichkeit ganz beträchtlich einengendes Gefängnis begeben, bestehen, sich dieser organisierenden Aufgabe zu unterziehen?

Solange andere Wege der Erklärung offenstehen, scheint es uns Pflicht des Naturforschers, sie zu beschreiten, und wir sind davon überzeugt, daß die allmählich einsetzende Erforschung der Physiologie der Symbiose uns zum mindesten in der prinzipiellen Auffassung recht geben wird. Bis dahin wollen wir das Gebiet nicht den Gallbildungen der Pflanzen vergleichen[19]). Wir kennen nur ein Kapitel der Biologie, das sich an Wundern der Zweckmäßigkeit und an Innigkeit des Sichineinanderpassens ihm vergleichen läßt, die Wechselbeziehungen zwischen Blüten und Insekten. Hier begegnen uns die gleichen, heute und vielleicht immer unlösbaren Rätsel vollendeter Anpassung zwischen zwei so heterogenen Partnern. Nur daß dort die Beziehungen gleichsam offen zutage liegen im äußeren Bau der Blüte und des Insekts, hier aber tief im Tierinneren verborgen sind. So ist es zu erklären, daß Sprengels berühmtes Werk die Jahreszahl 1793 trägt, während wir die Entdeckung des Symbiosegeheimnisses erst in unseren Tagen erleben.

Anmerkungen.

1) Einer meiner Schüler, Herr Zacharias, hat neuerdings die Pupiparensymbiose eingehend untersucht und damit eine willkommene Ergänzung unserer Kenntnisse der Symbiosen bei Blutsaugern geliefert. Interessanterweise hat sich eine weitgehende Konvergenz auch der symbiontischen Einrichtungen mit denen der Glossinen ergeben, die in ökologischer Hinsicht eine so auffallende Parallele bieten. Wie dort ist der Wohnsitz in der Larve und Imago ein verschiedener; zumeist sind es Darmepithelzellen, die von Bakterien besiedelt werden, nur bei der Schwalbenlaus fanden sich selbständige voluminöse Organe, die den Darm rückwärts umgreifen. Die Übertragung auf die Nachkommenschaft geht in einer ganz neuartigen Weise vor sich, wenn die im Mutterleib ja in der Einzahl sich entwickelnden Larven auf dem Umweg über die diesen ein Nährsekret liefernden ,,Milchdrüsen" mit den Symbionten versorgt werden. Wegen weiterer Einzelheiten und bezüglich der interessanten Frage, inwieweit die Symbionten der Blutsauger mit den Rickettsien in Beziehung stehen, muß auf die demnächst in der Zeitschrift für Morphologie und Ökologie erscheinende Arbeit verwiesen werden.

2) Über den augenblicklichen Stand unserer Kenntnisse von den Leuchtsymbiosen orientiert ein bei Jul. Springer 1926 erschienener Vortrag ,,Tierisches Leuchten und Symbiose". Seitdem hat sich auf diesem Gebiet nichts Wesentliches geändert.

3) Wallin, Ivan E.: Symbionticism and the origin of species. London 1927. Eine eingehende Darlegung und Widerlegung der Wallinschen Ideen würde hier zu weit führen. Wir werden uns an anderer Stelle ausführlicher dazu äußern.

4) Die wichtigste Literatur über die pilzzüchtenden Ameisen, Termiten und Borkenkäfer: Möller, A.: Die Pilzgärten einiger südamerikanischen Ameisen. Schimpers bot. Mitt. aus den Tropen. Bd. 6. 1893; Ihering, H. von: Die Anlage neuer Kolonien und Pilzgärten bei Atta sexdens. Zool. Anz. Bd. 21. 1898; Huber, I.: Über die Koloniegründung bei Atta sexdens. Biol. Zentralbl. Bd. 25. 1905; Weehler, W. M.: The fungus-growing ants of North America. Bull. Amer. Mus. Nat. Hist. Bd. 26; Petsch, T.: The fungi of

certain termite nests (Termes redemanni Wasm). Ann. Roy. bot. Gard. Peradenyia Bd. 3. 1906; Escherich, K.: Die pilzzüchtenden Termiten. Biol. Zentralbl. Bd. 29. 1909; Hegh, E.: Les Termites. Brüssel 1927; Hubbard, H. V.: The ambrosia beetles of the United States. Bull. Nr. 7. N. S. Dept. Agric. Div. Entom. 1897; Neger, F. W.: Ambrosiapilze II. Die Ambrosia der Holzbohrkäfer. Ber. deutsch. bot. Ges. Bd. 27. 1909; Derselbe: Zur Übertragung des Ambrosiapilzes von Xyl. dispar. Naturw. Z. f. Land- u. Forstwirtschaft Bd. 9. 1911; Schneider-Orelli, Otto: Die Übertragung und Keimung des Ambrosiapilzes von Xyleborus dispar. Ebenda Bd. 9. 1911. .

5) Noch sind die Vorgänge nicht so völlig klargelegt, wie wir es gerne sehen würden. Nach Schneider-Orellis Meinung werden diese Dauerstadien von dem Weibchen erbrochen. Negers Vermutung, daß sie mit dem Kot abgehen, scheint uns die wahrscheinlichere zu sein.

6) Der Entdecker der Ambrosiazucht bei Hylecoetus ist Neger (Ambrosiapilze II, a. a. O.).

7) Gerne würden wir wissen, ob auch der Werftkäfer, Lymexylon navale, als der einzige bei uns vorkommende Verwandte von Hylecoetus, eine ähnliche Pilzzucht treibt. Die bisherigen Angaben über seine Biologie sind recht widersprechende. Die fast nur in Eichen minierenden Larven sollen nach der Darstellung Ratzeburgs und Escherichs das Bohrmehl nicht auswerfen und schon deshalb keine Pilzzucht treiben können. Die Gangwände sollen auch tatsächlich keinen Pilzbelag besitzen und die Larven sich von Holz ernähren. Andererseits finden wir bei Cecconi: Manuale di Entomologia forestale 1924 die Angabe, daß aus den Bohrlöchern die Exkremente und gelbbraunes Nagsel heraustritt. Uns scheint es von vornherein sehr wahrscheinlich, daß auch Lymexylon eine Pilzzucht treibt, und wir hoffen, eines Tages über das zur Untersuchung nötige Material zu verfügen.

8) Man kann sich sehr wohl vorstellen, daß zwischen einer solchen Nahrungsenzymsymbiose und echter Ambrosiazucht Übergänge bestehen. Wir denken dabei z. B. an die Angabe von Hopkins (1898), wonach die Larven und jungen Imagines der pilzzüchtenden Xyleborus xylographus mit Pilzen vermengtes Bohrmehl als Zusatzfutter zu nehmen. — Die Pilzsymbiose der Siriciden bedarf natürlich noch weiterer Erforschung. Die genauere Art der Füllung der Spritzen, die Eiablage, das Auswachsen der eingeimpften Oidien in das umgebende Holz bleibt zu untersuchen, ebenso Ort und Zeitpunkt der Entstehung der zur Übertragung aufgenommenen und

unversehrt in den Spritzen deponierten Oidien. — Möglicherweise stehen die auffallenden Größenunterschiede der schlüpfenden Siriciden — und Hylecoetus — im Zusammenhang mit einer verschieden gut gedeihenden Pilzzucht.

9) Cleveland, L. R.: Correlation between the food and morphology of termites and the presence of intestinal protozoa. Amer. Journ. Hyg. Bd. 3. 1923; Derselbe: The physiological and symbiotic relationships between the intestinal protozoa of termites and their host, with special reference to Reticulitermes flavipes Kollar. Biol. Bull. Bd. 46. 1924; Derselbe: The ability of termites to live perhaps indefinitely on a diet of pure cellulose. Biol. Bull. Bd. 48. 1925; Derselbe: The effects of oxygenation and starvation on the symbiosis between the termite, Termopsis, and its intestinal flagellates. Biol. Bull. Bd. 48. 1925; Derselbe: Symbiosis among animals with special reference to Termites and their intestinal Flagellates. Quart. Rev. Biol. Bd. 1. 1926.

10) Werner, E.: Die Ernährung der Larve von Potosia cuprea Fbr. Ein Beitrag zum Problem der Celluloseverdauung bei Insektenlarven. Zeitschr. f. Morphol. u. Ökol. d. Tiere Bd. 6. 1926; Derselbe: Der Erreger der Celluloseverdauung bei der Rosenkäferlarve Bacillus cellulosam fermentans n. sp. Zentralbl. f. Bakteriol., Parasitenk. u. Infektionskrankh. Abt. 2, Bd. 67. 1926.

11) Eine eingehende Darstellung unserer augenblicklichen Kenntnisse auf dem Gebiet geben A. Scheunert und M. Schieblich: Einfluß der Mikroorganismen auf die Vorgänge im Verdauungstraktus bei Herbivoren im Handb. d. norm. u. pathol. Physiologie Bd. 3 B. II. Verdauung und Verdauungsapparat. Berlin 1927.

12) Literatur zur Anobiensymbiose: Karawaiew, W.: Über Anatomie und Metamorphose des Darmkanals der Larve von Anobium paniceum. Biol. Zentralbl. Bd. 19. 1899; Escherich, R.: Über das regelmäßige Vorkommen von Sproßpilzen in dem Darmepithel eines Käfers. Ebenda Bd. 20. 1900; Buchner, P.: Studien an intracellularen Symbionten. III. Die Symbiose der Anobiinen mit Hefepilzen. Arch. f. Protistenk. Bd. 42. 1921; Heitz, E.: Über intracelluläre Symbiose bei holzfressenden Käferlarven I. Zeitschr. f. Morphol. u. Ökol. d. Tiere Bd. 7. 1927. Die Arbeit Breitsprechers wird 1928 in der Zeitschr. f. Morphol. u. Ökol. d. Tiere erscheinen.

13) Gelegentlich scheint die Füllung der Übertragungssäcke zu mißlingen. So habe ich schon einmal bei Sirex ein Weibchen gefunden, dessen eine Spritze prall gefüllt war, während die andere klein und völlig leer war. Ferner gibt Heitz an, daß ihm in der Gefangenschaft frisch geschlüpfte Bockkäfer begegnet sind, deren

Säcke leer waren. Wenn er deshalb die Möglichkeit erwägt, es könnten diese eben erst bei der Begattung durch das Männchen irgendwie gefüllt werden, so geht er sicher zu weit, denn einmal hat Breitsprecher die Füllung der Anobienspritzen stets vor dem Schlüpfen des Käfers vollendet gefunden und habe ich selbst im Laboratorium geschlüpfte Bockkäferweibchen stets mit den Symbionten wohlversorgt gefunden.

Andererseits darf an dieser Stelle nicht verschwiegen werden, daß es eine Reihe von Cerambyciden gibt, deren Weibchen an der fraglichen Stelle wohl solche drüsige Säcke besitzen, die sie aber niemals mit Pilzen füllen. Es sind das Formen, bei deren Larven ich bisher auch noch keine Pilzorgane gefunden habe. Ob sie ohne Symbionten leben, bleibt trotzdem noch ungewiß.

14) Daß auch die Otiorrhynchuslarven solche Bakterienorgane am Mitteldarm besitzen, kann ich zunächst aus Materialmangel nur aus den Verhältnissen in den Imagines schließen.

15) Petri, L.: Ricerche sopra i batteri intestinali della Mosca olearia. Mem. R. Staz. pat. veget. Roma 1909.

16) Über die interessanten Asphondyliagallen orientieren: Neger: Ambrosiapilze. Ber. d. dtsch. botan. Ges. Bd. 26a. 1908; Derselbe: Biologie der Pflanzen. Leipzig 1913; Ross, H.: Über verpilzte Tiergallen. Ber. d. dtsch. botan. Ges. Bd. 32. 1914; Derselbe: Weitere Beiträge zur Kenntnis der verpilzten Mückengallen. Zeitschr. f. Pflanzenkrankheiten Bd. 32. 1922, sowie italienische Arbeiten von Baccarini, Trotter, Bargagli-Petrucci u. a. — Ross will, wie gesagt, in dem Zusammenleben kein dem Tier nutzbringendes sehen, spricht daher von ,,verpilzten Tiergallen" und ist der Meinung, daß viel eher ein Kampf der beiden Partner vorliegt. Allerdings überwuchert, wenn die Larve stirbt oder schwach ist, und wenn die Entwicklung beendet ist, der Pilz, aber das scheint mir ebensowenig gegen eine zweckdienliche Einrichtung zu sprechen als der Umstand, daß die Larve, wenn der Pilz gelegentlich spärlich entwickelt ist oder gar fehlt, trotzdem normal ist. Das stete Zusammenleben ist zu auffällig, als daß es nicht einen tieferen Hintergrund, denn eine immer wiederkehrende ,,Verunreinigung", haben müßte. Warum werden gerade nur die Gallen der Asphondylien und weniger nahe verwandter Gattungen verunreinigt? Erneute Untersuchungen müssen hier eingreifen.

17) Portier, P.: Les symbiotes. Paris 1918.

18) Karrer, P.: Polymere Kohlehydrate. Leipzig 1925. Heitz hat auch auf die Möglichkeit hingewiesen, daß die symbiontischen Organe der Holzfresser Luftstickstoff assimilieren könnten.

19) Wolff, G.: Zur Frage der „fremddienlichen Zweckmäßigkeit". Arch. f. Entwicklungsmech. Bd. 111. Festschrift f. H. Driesch 1927 versucht neuerdings die „fremddienlich" erscheinenden Einrichtungen an Gallen sogar im Sinne einer raffinierten „Symbiose" zu deuten. Die Pflanze entschließt sich zu einer Art Brutpflege und erreicht so eine Hand in Hand damit stets in der Natur eintretende Herabsetzung der Nachkommenzahl, was eine Verminderung der blattfressenden Feinde bedeutet. Daß mit diesem originellen Gedanken, dessen Grundlage natürlich zunächst zahlenmäßig geprüft werden müßte, das Gallproblem endgültig gelöst ist, möchten wir aber doch bezweifeln.

MIX
Papier aus verantwortungsvollen Quellen
Paper from responsible sources
FSC® C105338

If you have any concerns about our products,
you can contact us on
ProductSafety@springernature.com

In case Publisher is established outside the EU,
the EU authorized representative is:
**Springer Nature Customer Service Center GmbH
Europaplatz 3, 69115 Heidelberg, Germany**

Printed by Libri Plureos GmbH
in Hamburg, Germany